중·고생을 위한

과학 교과서 119

중·고생을 위한

과학 교과서 119

타키자와 미나코 지음 | 정윤아 옮김

파라북스

중·고생을 위한
과학교과서 119
(원제: 科學のニコースが面白いほどわかる本)

1판 1쇄 발행 | 2004년 10월 20일
1판 6쇄 발행 | 2009년 4월 20일

지은이 | 타키자와 미나코
옮긴이 | 정윤아
펴낸곳 | 파라북스
펴낸이 | 김태화

주간 | 이성옥
기획 | 조은주
표지디자인 | 디자인텔
본문디자인 | 디자인캠프
책임교정 | 디자인캠프
관리 | 이연숙

등록번호 | 제313-2004-000003호
등록일자 | 2004년 1월 7일
주소 | 서울특별시 마포구 서교동 343-12
전화 | (02)322-5353
팩스 | (02)334-0748
홈페이지 | www.parabooks.com

ISBN 89-91058-16-7 43400

*값은 표지 뒷면에 있습니다.
*파라주니어는 파라북스의 청소년 전문 브랜드입니다.

가까운 미래, 여러분은 스테이크용 고기를 사기 위해 근처 슈퍼마켓에 간다. 마침 정육 코너에는 세 가지 종류의 고기가 진열되어 있다.

1. '복제 쇠고기' : 반지르르 윤이 나는 쇠고기에는 '복제 쇠고기'라는 라벨이 붙어 있다.
2. '대용식' : 그 옆에 고기와 비슷한 모양의 갈색 물체에는 '대용식' 이라는 라벨이 붙어 있다.
3. '쇠고기' : 표면이 메마르고 얇은 진짜 쇠고기에는 깜짝 놀랄 만큼 비싼 가격표가 붙어 있다.

지구 온난화에 의해 동아시아 전체는 열대기후가 되어버렸고, 가축들은 매년 돌림병으로 죽어간다. 이제 '천연' 이라는 글자가 붙은 것은 무조건 고급 요리가 되었다.

그 대신 과거 품평회에서 일등을 했던 소의 유전자와 병균을 이길 수 있는 유전자를 합성하여 천하무적이라 불리는 '복제 소'를 대량 생산하고 있다.

여기에 맛과 식감을 고스란히 재현한 '대용 고기'도 값싸게 시판

되고 있다.

자, 여러분이라면 무엇을 선택할 것인가.

너무 먼 이야기처럼 들릴지 모르겠지만 사실 이처럼 선택의 기로에 설 날도 얼마 남지 않았다. 아니, 이미 현실로 다가와 있는지도 모른다.

가격 면에서 본다면 복제 소나 대용식으로 만든 고기가 훨씬 경제적이다. 반면, 안전성을 생각하면 천연 쇠고기가 나을 것이다.

그런데 여기서 잠깐, 우리는 과연 유전자 복제로 태어난 소의 고기가 어째서 안전하지 않은지, 지구 환경이 어떻게 오염되고 있는지 구체적으로 이해하고 있는 것일까.

"왠지 찝찝해서……."

물론, 느낌은 존중할 만하다. 하지만 지구 환경 문제가 우리의 식탁과 직결된 문제인 이상, 단순한 느낌만으로는 부족하다. 모든 불안을 떨쳐버리고 문제를 해결할 수 있는 방법은 없을까. 이 물음에 대한 해답을 찾기 전에 우리는 먼저 올바른 지식을 얻어야 한다.

신문이나 TV에서는 눈에 보이는 현상을 위주로 보도하게 마련이다. 따라서 그런 현상이 왜 일어나게 되었는지, 앞으로 어떻게 될 것

인지에 대해서는 상세하게 다루지 않는다.

　이 책에서는 우선 뉴스에서 자주 다루어지고 있는 과학문제에 대해 알아보고 인류의 과학이 나아가야 할 올바른 방향이 무엇인지 생각해 본다.

　가령, 복제 기술을 예로 들어 보자.

　복제 기술이 발달하면 수많은 난치병을 치료할 수 있고, 자신의 장기(臟器)를 만들어 두었다가 병에 걸릴 때마다 교체할 수도 있다.

　반면 자연에서 태어나 자연으로 돌아가는, 이른바 '대자연의 법칙'을 어김으로써 예상치 못한 결과를 초래할 수도 있다.

　말하자면 복제 기술에는 가야 할 길과 가지 않아야 할 길이 있으며, 그에 대한 결정권은 과학자들만의 몫이 아니라는 얘기다.

　이 책에는 과학 이야기뿐만 아니라 정치와 경제에 대해서도 알기 쉽게 다루고 있다. 특히 '10억 분의 1미터'의 크기로 물질을 축소하여 인간의 생활에 응용하는 '나노테크놀러지'는 꿈의 기술이라 불리며 정치와 경제에 큰 영향을 미치고 있다.

　이 기술이 실용화 단계에 들어선다면 시장은 급격하게 발달할 것이고, 세계 각국이 이를 중심 프로젝트로 삼아 치열한 경쟁을 벌일 것이다.

과학의 세계에 몸담고 있는 사람으로서 부탁하고 싶은 것은 과학을 향한 관심과 꿈을 버리지 말아 달라는 것이다.

이 책은 단순히 과학뉴스의 해설을 위해 만든 것이 아니다. 과학의 위대함, 미래를 향한 꿈 등을 그대로 종이에 옮겨 놓은 것이다.

마지막으로, 존경하는 물리학자 조지 가모브(George Gamow)가 그의 저서 『이상한 나라의 톰킨스 씨 *Mr. Tomkins in Wonderland*』에 인용한 하이네의 시를 소개하면서 서문을 맺고자 한다. 그리고 과학에 흥미를 가진 독자는 물론 앞으로 과학시대의 일원이 될 모든 독자에게 이 책을 바친다.

……아아, 나를 위해 풀어다오.
그 오래되고, 어렵기만한 수수께끼를…….
저 하늘 황금빛 별엔 누가 살고 있을까?

타키자와 미나코

CONTENTS

2장
지금, 환경은 어떻게 변하고 있나?

3장
생명 과학의 현주소

4장
지금, 우주에서는 이런 일이 일어나고 있다

CONTENTS

5장
나노테크와 만나다

6장
지구를 지킨다

캐릭터

● 다람이

1995년 7월생.

신도시 근처 숲 속에서 혼자 살고 있다.

결혼을 위해 열심히 도토리를 모으는 중이다.

(아람이에게 필이 꽂힌 상태)

• 좋아하는 음식 : 도토리

• 좋아하는 노래 : 다람쥐 소풍

● 우리나라의 다람쥐

다람쥐는 우리나라 전역에서 볼 수 있는

대표적인 동물이다. 다람쥐는 청설모에 비해

몸집이 작고 등 뒤에 검은 줄이 선명하게 나 있다.

우리나라의 다람쥐는 반수면상태에서 겨울잠을 자며, 3

월이 되면 깨어나 번식하는데 5~6월에 4~6마리의 새끼를

낳는다. 먹이는 밤과 도토리를 비롯한 나무 열매이며, 양 볼에는 먹이를

넣을 수 있는 안주머니가 있다.

최근 숲이 줄어들면서 그 수가 급격하게 감소하고 있어 보호 대상으로

정해졌다.

● 아람이

1995년 12월생.
과학에 관심이 많고 열심히 공부하는 중이다.
여자 대학 영문과 재학 중.
졸업 후 스튜어디스가 되는 게 꿈이다.
• 좋아하는 색 : 차콜 그레이
• 좋아하는 것 : 도토리 줍는 길목에
꽃잎 뿌리기

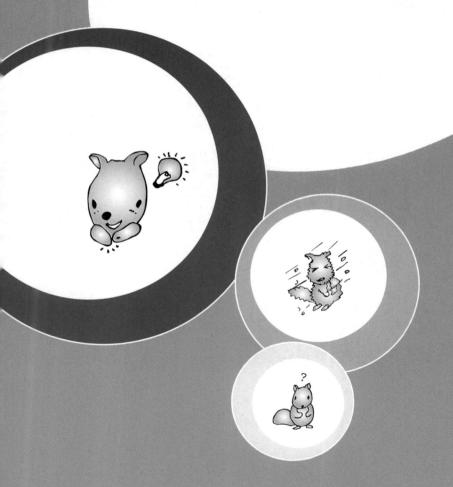

1장

지금, 지구는
얼마나 위태로운가?

지구 온난화가 계속되면 어떻게 될까?

올해는 봄이 빨리 와서 좋았어.
요즘 지구 온난화라는 말을 자주 듣긴 하지만, 사실 난 따뜻한 게 좋아. 그런데 왜 사람들은 따뜻해지면 안 된다는 거야?

● 지구가 지금보다 더워지면 큰일이거든. 지구 온난화는 현재 모든 나라가 걱정하는 문제야. 예를 들어 날씨가 따뜻해지면 추운 곳에서 자라는 나무가 모두 말라 죽게 돼. 그러면 그 나무에서 먹거리를 찾던 동물도 함께 사라지겠지.

그래도 잘 모르겠어.

● 그럼, 한번 볼까?

? 응? 뭘 보자는 거야?

● 21세기 말, 그러니까 앞으로 100년 후 지구의 모습을 보자는 거야.

그런 걸 어떻게 알 수 있어?

● 사실 내가 가진 능력으로는 무리야. 대신 IPCC가 내놓은 예측 자료로 알 수 있어.

 IPCC? 처음 듣는 말인데?

● 우리나라에서는 기상청이 일기 예보를 담당하지? IPCC도 기후 변화를 예측하는 기관이야. 말하자면 '지구 기상청'이라고 나 할까. 지구의 기상 상태를 연구하는 국제연합이 만든 조직이야.

➡ IPCC란…

영어로 Intergovermental Panel on Climate Change의 약자.
지구 온난화를 막을 수 있는 최신 과학 정보를 수집하는 곳이다. 1988년에 국제연합 소속 기관, 즉 국제연합환경계획(UNEP)과 세계기상기구(WMO)에 의해 설립되었다. 2001년에 발표된 제3차 보고서에 따르면 21세기 말에는 1.5~5.8도 정도 기온이 상승할 것이라고 한다. (영문 홈페이지 : http//www.ipcc.ch)

IPCC가 '만일 온난화가 이대로 진행된다면?'이라는 가정하에 발표한 2001년 보고서를 보면 앞으로 우리의 환경이 어떻게 변할지 예측할 수 있어. 자, 그럼 100년 후로 떠나 볼까? 준비됐지? 그럼, 북극으로 출발!

◎ 남반구의 섬들이 물에 잠긴다?

 후……너무 추워. 앗, 백곰이다!

● 북극곰이야. 지구가 따뜻해지니까 북극에
   있던 얼음이 녹고 있어. 1950~1970년대
   초반까지 북극의 얼음이 10~15퍼센트나
   녹았다는 거야. 남극의 얼음도 빠른 속도
   로 녹고 있어.

 얼음이 녹으면 안 되는 거야?

● 생각해 봐. 얼음이 녹은 물이 어디로 흘러가겠어?

 바다?

● 맞았어. 바닷물이 점점 많아지면 해수면도 함께 올라가겠지?

 해수면이 높아지면 어떻게 되는데?

● 응, 해수면의 높이가 높아지면 물이 해안을 뒤덮어 버리게 돼. 앞으로 100년 후면 평균 기온이 적어도 1.5도에서 최악의 경우, 5.8도까지 올라간다고 해. 그렇게 된다면 많은 나라의 해안선이 지금보다 9~88센티미터까지 높아지게 되는 거야.

 세상에…… 그럼 섬나라들은 어떻게 해?

● 하하하. 모조리 가라앉지는 않겠지. 하지만 환경은 상당히 변할 거야. 특히 걱정스러운 곳은 남태평양에 있는 작은 섬나라들이야. 어떤 곳은 육지가 거의 남지 않을 수도 있어. 작은 섬나라 하나가 사라지면 그 땅에 살고 있는 수백만 사람들의 삶의 터전도 함께 사라지게 되겠지.

 물에 잠긴다고? 맞아! 그럼 방파제를 세워서 물이 들어오지 못하게 하면 되잖아.

● 그러기 위해서는 엄청난 비용이 들어. 선진국이라면 많은 돈을 들여 방파제를 세우는 게 가능할지도 몰라. 제방 위에 세워진 일본의 도쿄나 네덜란드의 암스테르담처럼 말이야. 하지만 개발도상국에서는 거의 불가능한 일이야.

 아름다운 해변이 사라진다고 생각하니, 우울해지는걸.

● 나도 무척 우울해.

지구 온난화의 영향 ❶

IPCC의 예측에 따르면 100년 후에는 세계의 평균 기온이 1.5~5.8도 상승하고, 해안선의 높이는 9~88센티미터 높아진다고 한다.

남태평양의 섬나라 가운데 거의 모든 땅이 바닷물에 잠기는 곳도 있을 것이다.

또한 평균 기온이 갑자기 상승하면 동식물의 서식 환경이 달라지기 때문에 멸종하는 종류가 늘어나거나 생태계 전체가 흔들릴 수 있다.

◎ 사막이 넓어진다

● 자, 그럼 지구 온난화로 또 어떤 일이 일어날지 알아볼까?

 으악, 모래 바람이다! 눈을 뜰 수가 없어!

● 여기는 사하라 사막이야. 여기서는 사막이 매년 5킬로미터씩 남쪽으로 넓어지고 있어.

 왜 사막이 넓어지는 건데?

● 이곳의 토지는 영양분이 없어서 날씨가 덥지 않아도 늘 메말라 있어. 그런데 인구는 자꾸만 늘어나고 있지. 사람들은 먹을 것을 마련하기 위해서 수많은 가축을 방목으로 키웠어. 게다가

살 집을 지으려고 나무를 마구 베어 내니 당연히 땅에는 아무것도 남지 않게 된 거야.

풀도 나무도 없이 흙만 있는 땅은 외부 변화에 빨리 변하게 되어 있어. 토양의 침식도 점점 빨라지지.

 토양의 침식이 뭐야?

● 비바람에 쓸려 토지에 남아 있던 생명력과 최소한의 영양분이 사라져 버리는 현상을 말해.

물기조차 남아 있지 않은 토지는 결국 사막처럼 변하게 돼. 더욱 심각한 문제는 한번 사막으로 변한 땅은 예전의 모습으로 돌려놓기가 매우 어렵다는 사실이야.

 사람들이 땅을 잘못 사용하기 때문에 사막이 넓어지는 거구나.

● 꼭 그런 것만은 아니야. 사실 사막이 넓어지는 데 가장 큰 공헌을 한 것은 지구 온난화야. 건조한 지역은 점점 강수량이 줄어들고 있으니까 말이야.

다시 말해 지구는 기온 상승과 건조라는 이중의 악영향을 받는 셈이지.

 사막이라…… 정말 무섭다!

● 사람뿐만 아니라 그 땅에 사는 동물과 식물, 땅속의 미생물에게도 가혹한 환경이지.

실제로, 최근 사하라 사막에서는 한여름의 낮 기온이 50도 이상 치솟는다고 하잖아.

50도라고? 그런 곳에서는 아무것도 살 수 없을 거야.

● 결과적으로는 인간 사회에도 심각한 영향을 미칠 거야. 사막 주변에서 살고 있는 사람들의 생활은 이미 비참한 상태야.

그럼, 현재 일어나고 있는 일들을 간단히 그림으로 정리해 볼까?

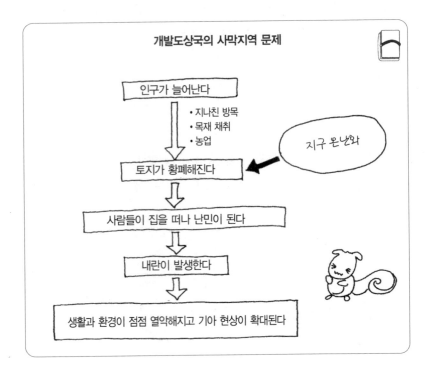

개발도상국의 사막지역 문제

인구가 늘어난다

· 지나친 방목
· 목재 채취
· 농업

토지가 황폐해진다 ← 지구 온난화

사람들이 집을 떠나 난민이 된다

내란이 발생한다

생활과 환경이 점점 열악해지고 기아 현상이 확대된다

● 말 그대로 악순환이야. 앞으로 이런 현상은 더욱 심해질 거라고 하니, 정말 걱정이야.

지구 온난화의 영향 ❷

이대로 온난화가 진행되면 사막이 점점 넓어져 기아에 허덕이는 인구가 늘어나게 된다.

◎ 중국이 문제다

● 아시아에서는 중국의 사막화 현상이 가장 심각해. 중국 내륙 지방의 숲은 사라지고 가축들이 풀뿌리까지 먹어 치웠어. 토양은 침식되고 기온까지 올라가고 있으니, 사막화의 완벽한 조건을 갖춘 셈이지.

황하강 중류 지역에 펼쳐진 황토 고원과 몽골의 고비 사막이 점차 넓어지고 있어. 최근 우리나라를 비롯해 일본에서까지 황사 현상이 일어나고 있는 것이 그 증거야.

황사라면 공기에 누런 먼지가 섞여 있는 걸 말하지?

● 몇십 년 동안이나 '봄의 불청객' 이라 불리며 뉴스거리가 되고 있잖아. 하지만 이젠 그 피해가 심각한 수준이야.

황사는 황토 고원과 고비 사막의 눈이 녹기 시작하는 3월부터 땅 위에 식물이 자라기 전 5월까지 바람을 타고 남쪽으로 날아와. 그런데 최근 사막이 넓어지면서 황사의 양이 매년 2배씩 늘어나고 있대.

황사에 가장 큰 피해를 입는 곳은 중국이지만 중국 국경을 넘어서는 한반도의 피해 또한 심각하지. 해마다 황사 현상 발생 일수도 늘어나 서울의 경우를 보면 1990년대에는 1년 중 평균 7.7일 발생하던 것이 2000년 이후에는 18일 동안 황사 현상이 일어나고 있대. 그리고 지난 2002년에는 황사가 너무도 심해 초등학교에 휴교령까지 내려지고 230여 편의 항공기가 결항되는 엄청난 피해를 입었어.

?

중국에서는 왜 아무 대책도 세우지 않는 거야?

● 중국 정부도 대규모 녹화 사업을 추진하고 있지만 아직 효과를 보지는 못하고 있어. 오히려 사람들이 새로 심은 나무를 베어 가기 바쁘다고 해.

중국의 환경문제

급격한 경제 성장으로 인해 환경 파괴가 심각해지고 있다. 황하강 주변은 이미 황폐해진 상태이다.

● 이번에는 IPCC가 내놓은 지구 온난화의 결과를 살펴볼까?

- 아시아에서는 식량이 부족해진다.
- 오스트레일리아나 뉴질랜드의 강수량이 줄어든다.
- 유럽 각국의 해수면이 상승한다.
- 미국 동해안은 허리케인(태풍)의 출현이 잦아져 해안 침식이 심해진다.
- 세계 각국에서 말라리아나 댕구열(유행성 출혈열과 유사) 등의 전염병이 유행한다.

정말 그렇게 된다면 큰일이네. 그런데 말라리아나 댕구열이 유행하는 이유가 뭐야?

● 이런 전염병들은 모두 열대 지방에서 사는 모기가 옮기는 질병이거든. 지구 온난화 때문에 그 모기가 서식할 수 있는 지역이 넓어지니까 당연히 병에 걸릴 확률도 높아지는 거야. 아시아도 예외는 아니야.

으~ 너무 무서워.

● 문제는 21세기 기후 변동이 앞으로 훨씬 더 끔찍한 사태를 몰고 올지 모른다는 사실이야. 인류 역사상 100년 동안 지구의

기온이 1~5도나 상승한 적이 없었거든. 지금까지 누구도 경험하지 못한 일을 예측한다는 것 자체가 무리일지도 몰라. 위의 예측은 그 중에서 가장 확실한 것만 고른 거야.

21세기의 기후 변동
지구 온난화를 이대로 방치할 경우, 미래에는 돌이킬 수 없는 악순환이 초래될 가능성이 있다.

◎ 기온이 1~5도 올라가면 어떤 일이 일어날까?

100년 동안 1~5도 정도 기온이 상승하는 게 그 정도로 심각한 일인지 몰랐어. 사실 아침저녁으로 10도 이상 기온 차가 나는 날도 있잖아.

● 잠깐! '아침저녁이나 계절에 의한 온도 차'는 '지구 온난화'와는 전혀 의미가 달라.

응? 다르다고?

● 음, 슬슬 우주에서 지구를 바라볼 때가 된 것 같군.
자, 우주로 출발!

와, 푸른 별 지구! 정말 아름답다!

● '푸른 별' 위에 흰색 소용돌이가 보여? 그게 바로 구름이야.
구름은 수증기, 즉 물로 만들어져 있지. 이 물은 강이나 바다, 얼음, 수증기, 구름, 비로 모습을 바꾸면서 지구를 순환하고 있어.

 흐음. 그러니까 '물'은 지구를 여행하고 있는 셈이네.

● 맞았어. 사실 물의 순환은 지구 기후에 있어 매우 중요한 역할을 하고 있어. 예를 들면 해류는 열대 지방의 바다에서 위도가 높은 지역의 바다 쪽으로 흘러가거든. 덕분에 열대 지방의 열을 똑같이 나눌 수가 있어.
구름은 태양으로부터 오는 에너지를 반사시켜서 그 열을 우주 공간으로 되돌려 보내는 '블라인드' 역할을 하고 있어.
말하자면 푸른색 구슬 위에 소용돌이 치고 있는 구름들은 하나하나 물 알갱이가 되어 지구의 기후 시스템을 만들고 매일 다른 날씨로 우리 앞에 나타나는 거야.(지구가 자전과 공전을 함으로써 태양에서 보내오는 빛 에너지의 양과 에너지를 받는 지점이 점차 달라지게 되고, 해류나 기압 변화 등의 요소도 기후에 영향을 주게 된다.)

 아하, 그래서 일기 예보 하는 언니들이 구름 사진을 보며 "내일은 덥겠다", "비가 내린다"라고 얘기하는 거구나.

● 그래. 이제 다시 지상으로 내려가자. 매일 복잡하게 변화하는 것처럼 보이지만 구름 모양도 '봄, 여름, 가을, 겨울' 처럼 일정한 주기로 변화하고 있어.

이런 과정은 이미 몇 만 년 동안이나 지속되었어. 각각의 토지에는 그 기후에 맞는 식물이나 동물이 자연스럽게 생명을 이어가고 말이야. 불과 몇 년 전까지만 해도 남극이나 북극의 얼음이 그대로 남아 있었어.

 앞으로도 계속 숲 속에서 살 수 있겠지?

● 물론이야. 하지만 지금 문제가 된 '지구 온난화' 는 모든 지역에 걸쳐 계절에 영향을 주고 있어. 결국 '평균 기온' 이 높아질 거야. 남극과 북극의 얼음은 지금보다 더 많이 녹아내릴 테고, 물의 순환에도 변화가 생길 거야. 따라서 기후 변화는 당연한 결과인지도 몰라.

실제로 추운 곳에서 자생하던 식물의 숫자가 점차 줄어들고 있다는 통계도 나와 있어. 동물처럼 움직일 수가 없으니 기후가 맞지 않으면 그냥 죽어버리는 거지. 고산 지대에 사는 식물 중에는 거의 멸종 위기에 이른 것도 있대.

 그럼, 동물은 어떻게 될까?

● 다람이와 같은 초식 동물이 제일 먼저 피해를 입을지 몰라.

갑자기 막막해지네.

● 최근 100년간 지구 온난화가 얼마나 빠르게 진행되고 있는지 그림으로 나타내면 쉽게 이해할 수 있어.

우선 머릿속에 자를 떠올려 봐. 1밀리미터를 100년이라고 한 다면 1센티미터(10밀리미터)는 1,000년, 10센티면 1만 년이 되 겠지? 그리고 세로 눈금에는 온도를 써 넣고, 가로 눈금에는 1 센티미터 단위로 표시를 하는 거야.

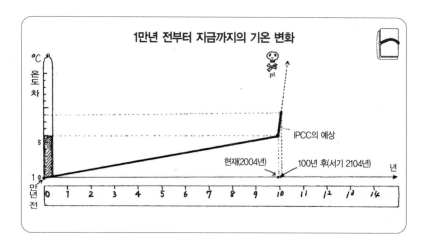

1. 1만 년 전부터 현재까지 지구의 평균기온은 4~7도 상승했 다고 한다. (그래프에서는 중간인 6도로 표시)
2. 앞으로 100년간의 온도 변화, 즉, 1~5도 상승하는 것을 직 선으로 표시한다. (그래프에서는 중간인 3도로 표시)

그렇구나…… 앞으로 기온이 급격히 상승하게 되는구나. 과거에는 1만 년이나 걸렸는데 미래에는 그런 현상이 나타나는 데 겨우 100년밖에 걸리지 않는다니…….

● 이 그림에는 너무 적은 수치라 나타나지 않을 뿐이지 정확하게 말하면 산업혁명 이후 100년 동안 이미 0.2도 정도 상승했어.

그럼 1,000년 후에는…… 그러니까…… 58도가 된단 말이야? 도대체 지구는 어떻게 되는 거야?

● 어떤 과학자가 이런 말을 했어. 학계에 물의를 일으키긴 했지만 귀담아들을 부분이 있어.
"1,000년 후에는 기온이 점점 상승하여 강한 산성을 나타내는 금성과 같은 모습이 될 것이다. 다른 행성으로 이주하지 않는다면 인류에게 미래는 없다."

정말이야? 만일 그렇게 된다면 지구상에서 생물은 완전히 멸종하게 되는 거잖아.

● 지구 온난화를 해결하지 않으면 얼마든지 가능한 일이야.

지구가 따뜻해지고 있는 이유는?

아람아, 그런데 최근 갑자기 온난화가 심해진 이유가 뭐지?

● 가장 큰 원인은 이산화탄소와 같은 기체가 계속 증가하고 있기 때문이야. 근대 문명 이래 인류는 발전소나 자동차를 움직일 에너지를 얻기 위해 화석연료를 사용해 왔거든.

화석연료? 그게 뭔데?

● 다람아, 잘 들어. 석탄, 석유, 천연가스 등의 연료를 말하는 거야. 아주 옛날에 살았던 동물이나 식물의 사체 중 4분의 3 이상이 화석연료가 됐어.

우리 인간은 화석연료를 태워 편리하게 사용해 왔지만 그 피해는 미처 예상치 못했어. 한참 뒤에야 화석연료를 태울 때 배출되는 이산화탄소(CO_2)등이 지구 온난화의 원인이라는 사실이 밝혀졌어.

실제로 증기기관이 발명되면서 시작된 산업혁명 이후, 인간의 경제생활은 활발해졌지만 지구 온난화는 눈에 띄게 심각해졌다고 해.

역시, 인간 때문이었군. 하지만 이산화탄소가 늘어난다고
해서 왜 지구가 따뜻해지는지 잘 모르겠어.

● 이산화탄소에는 온실효과를 일으키는 성질이 있기 때문이야.

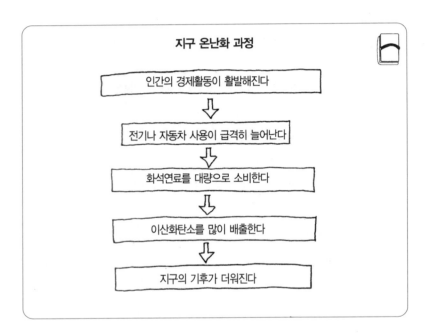

지구 온난화 과정

인간의 경제활동이 활발해진다

⬇

전기나 자동차 사용이 급격히 늘어난다

⬇

화석연료를 대량으로 소비한다

⬇

이산화탄소를 많이 배출한다

⬇

지구의 기후가 더워진다

◎ 온실효과란?

 그런데 온실효과가 뭐야?

● 온실의 유리처럼 대기, 즉 공기를 따뜻하게 데우는 성질을 가진 기체가 일으키는 현상이야. 예를 들면, 어른들이 입는 양복을 만드는 천 중에서도 시원한 마, 따뜻한 양모가 있듯이 기체 중에도 양모처럼 안쪽의 열을 바깥쪽으로 내보내려고 하지 않는 것이 있어. 이런 성질을 가진 기체를 '온실기체' 또는 '온실효과기체' 라고 부르지.

 그러니까 지구에 담요를 덮어 놓은 것과 같은 것이네?

● 그렇다고 할 수 있지. 온실기체에는 이산화탄소, 수증기, 메탄가스, 프레온가스, 아산화질소 등이 있어.

 뭐야? 수증기도 온실기체란 말야?

● 그래. 수증기는 '물이 기체로 변한 것' 에 불과하지만 사실은 온실효과가 높은 기체야.

 그럼 수증기도 지구를 온난화시키는 거야?

● 아니, 그렇지 않아. 지금 정도는 괜찮아. 지구에 존재하는 물은 강과 바다뿐 아니라 호수, 지하수, 빙하, 공기 중의 수증기, 구름 등으로 모습을 달리하면서 지구를 순환하고 있어. 그 중 수증기는 지구를 보호해 준다고 해. 그러니 갑자기 지구를 덥히는 일은 없을 거야.

하지만 만일 온도가 지속적으로 상승하고, 물이 증발해서 수증기의 양이 지나치게 많아지면 지구 온난화의 진행을 촉진시킬 가능성도 있어. 그것을 막기 위해서라도 지구 온난화의 속도를 늦추어야만 해.

수증기 외에도 온실기체를 줄일 필요가 있겠네?

● 그럼. 이산화탄소, 메탄가스, 프레온가스, 아산화질소는 모두 인간의 경제활동과 함께 늘어난 기체들이야. 이런 온실기체를 줄이는 일이 무엇보다도 급해.
우선 1분자당 온실효과가 가장 큰 것을 이산화탄소와 비교해 볼게. 메탄가스는 이산화탄소의 약 23배가 지하에서 뿜어져 나오거나 매립지 등에서 발생해. 아산화질소는 약 300배로 자동차의 배기가스나 화학 공장에서 배출되고, 프레온가스는 종류에 따라 12~12,000배 온실효과를 발생시키는 인공 물질이야.

어? 그럼 이산화탄소는 온실효과에 미치는 영향이 아주 적은 편이네. 그런데도 온난화의 원인이라고 하는 이유는 뭐야?

● 그만큼 인간이 배출한 이산화탄소의 양이 많다는 걸 의미해. 산업혁명 이후에 화석연료를 대량으로 사용했기 때문에 이산화탄소가 지구 온난화에 가장 큰 영향을 끼쳤다고 할 수 있어. 지구를 덥히는 원인이 온실기체라고는 하지만 의외로 공기 중

에 남아 있는 양은 0.03퍼센트에 불과해.

 애걔, 겨우 그것밖에 없어? 그런데도 지구 온난화에 영향을 미친다니, 믿기지 않는걸.

● 지구는 그만큼 변화에 민감한 별이야.

 듣고 보니 온실기체는 정말 나쁜 녀석들이네.
모조리 없애 버릴 수 있다면 좋겠어.

● 그건 그리 간단한 문제가 아니야. 온실기체가 반드시 나쁘다고만은 할 수 없거든. 앞에서 '온실기체가 지구를 덮은 담요'와 같다고 했는데, 우리가 너무 두꺼운 이불을 덮으면 더워서 잠을 잘 수 없지만 반대로 지나치게 얇은 이불을 덮으면 감기에 걸리잖아. 그것과 같은 원리야.

 아하, 온실기체는 적당하게 있으면 따뜻하고 포근한 이불이 될 수 있는 것이구나.

● 그렇지. 지구는 태양 빛이 지면에 닿으면서 따뜻하게 덥혀지는데, 그 열기는 자연스럽게 우주 공간으로 빠져나가기 때문에 그리 오래 남아 있지 않아. 하지만 온실기체 덕분에 대기 중에 온기가 오랫동안 남아 있게 되고, 생물이 살아갈 수 있는 환경도 만들어지는 거야.

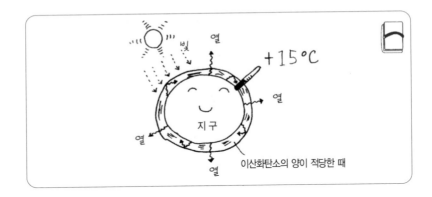

이산화탄소의 양이 적당한 때

● 결국 온실기체가 전혀 없다면 지구는 아주 추워질 게 분명해.
과학자들에 의하면 지구의 온도가 영하 18도 정도가 될 거라고
하는군.

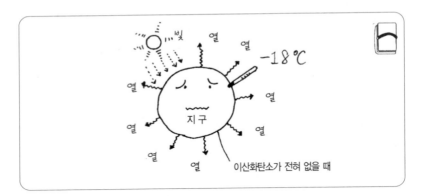

이산화탄소가 전혀 없을 때

 공기 중의 이산화탄소가 모두 없어진다면?

이산화탄소는 대기 전체의 0.03퍼센트 비율에 불과하다. 지금까지 생물이
살아가는 데 적당한 기온을 보존하는 역할을 해 왔다. 만약 이산화탄소가
완전히 사라진다면 지구 표면의 온도는 영하 18도 정도로 떨어질 것이다.

온실효과를 부르는 기체, 그 정체를 밝힌다

온실효과기체에는 이산화탄소(CO_2) 이외에도 메탄가스(CH_4), 아산화질소(N_2O), 프레온가스(CFC) 등이 있어. 그런데 왜 대기의 대부분을 차지하는 질소(N_2)나 산소(O_2)는 온실효과기체가 아니지?

가장 큰 원인은 분자구조의 차이야. 이것은 양자역학의 관점에서 쉽게 설명할 수 있어. 양자역학이란 분자와 원자, 소미립자 등의 세계에서 일어나는 일들을 이해하기 위한 이론이야. 정확하게 설명하려면 이 책 한 권을 다 채워도 모자랄걸? 그러니까 설명이 조금 어렵더라도 참아 주었으면 해. (아, 그런 것이구나! 그 정도의 느낌이면 돼)

우선 중학교 교과서에 나오는 것부터 짚어 보기로 할까. 질소와 산소 분자는 2개의 같은 원자가 연결되어 있는 상태야. 하지만 온실효과기체의 대표격인 이산화탄소의 분자는 탄소 1개에 산소 2개가 붙어 있는 형태이지.

원자를 더욱 작은 조각으로 나누어 보면 원자핵과 몇 개의 전자로 이루어진 것을 알 수 있어. 말하자면 전자가 원자

이산화탄소
(CO_2)

핵의 주변을 돌고 있는 셈이지. 같은 분자가 2개씩 연결되어 있는 경우와 다른 종류의 분자가 붙어 있는 경우는 '전자의 분포 구조' 자체가 다르다고 해.

자, 이제 양자역학으로 넘어가 보자. 전자는 궤도를 따라 같은 방향으로 돌아가고 있지만 사실은 자신의 존재를 확실하게 말하는 법이 없어. 다만 '몇 퍼센트의 가능성만 있다' 라는 정도로만 알려져 있지. 양자역학에 의하면 모든 물질은 미립자로 되어 있고, 그것은 각각 존재 확률을 가진다는 거야. 미립자들은 흐름을 따라 이동하고…… 정말 이해하기 어려운 얘기지?

산소나 질소 분자는 전자의 존재 확률 면에서 볼 때 변동이 없기 때문에 분자 안에서 플러스와 마이너스 성질을 가진 전기가 움직이지 않아. 반면, 이산화탄소는 전자의 존재 확률에 잦은 변동이 일어난다는 거야. 분자 안에서 각각의 성질을 가진 전기가 마음대로 늘었다 줄었다 할 수 있는 상태라는 거지. 만일 이 때 적외선이라고 불리는 파장의 빛이 들어오게 되면 안정된 성질을 가진 산소와 질소 분자는 그대로 통과시키지만, 이산화탄소처럼 변동이 심한 분자는 적외선을 그대로 흡수하면서 더욱 활발하게 활동하게 된다고 해. 바로 이 '활발한 활동' 이 온도 상승을 의미하는 거야. 이런 현상이 온실효과의 정체인 셈이지.

이해하기 너무 어렵다고? 괜찮아. 더 쉽게 설명할 방법은 없으니까.

그냥 그렇구나 하고 받아들이면 돼.

좀더 알고 싶은 사람은 양자역학 분야의 책을 찾아 읽는 것도 좋은 방법이지. 20세기 초반까지 이 이론은 '화학적 성질'을 바탕으로 이루어졌지만 지금은 양자역학에 의해 확실하게 설명할 수 있게 됐어. 마이크로 단위의 세계를 설명하는 양자역학적 사고방식은 5장에서 소개할 '나노 테크놀로지'에도 많은 영향을 끼쳤지.

◎ 이산화탄소의 배출량은 얼마나 될까?

도대체 이산화탄소는 얼마나 배출되고 있는 거야?

● 1997년 통계에 따르면 세계 각국에서 1년 동안 약 232억 톤의 이산화탄소가 배출되었다고 해.

아, 그렇구나. 세계 모든 나라 사람들의 배출량에 차이가 있을 거 같은데……

● 맞았어, 나라에 따라 다르기 때문에 그냥 평균치로 생각해 보자. 세계에서 1년간 경제활동을 통해 배출되는 이산화탄소의 양은 232억 톤이야.

그런데 사람이 하루 동안 호흡을 통해 내뱉는 이산화탄소의 양은 1킬로그램이래. 앞에서 말한 이산화탄소의 양을 세계 인구 60억으로 나누면 1인당 10인분의 이산화탄소를 배출했다는 결론이 나와.

이 숫자를 기억해 두고 나라별 이산화탄소 배출량을 볼까?

45쪽에 나오는 그래프를 보면 대부분의 선진국들이 상위를 기록하고 있고, 한결같이 평균치(10인분)를 넘어선 것을 알 수 있어.

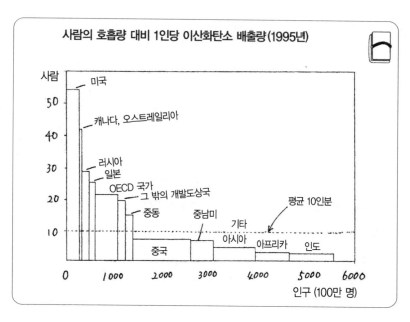

사람의 호흡량 대비 1인당 이산화탄소 배출량(1995년)

*호흡량은 포함되어 있지 않음

● 1992년, 드디어 세계 각국은 브라질의 리우데자네이루에서
  이산화탄소 배출량을 줄이기 위해 국제적인 협력을 약속했어.
  (지구 서미트-환경과 개발에 관한 유엔회의, UNCED)
  그 첫번째 성과가 바로 1997년에 발표한 교토 의정서야.

이산화탄소의 양을 이미지로 떠올린다면

지구 온난화에 대한 이야기를 듣다 보면 이산화탄소의 양을 '～억 톤'으로 표현하는데, 기체의 양이라 그런지 언뜻 무게를 떠올리기가 어려워. 알기 쉽게 설명 좀 해 줘. 무슨 뜻일까?

　탄소 질량이란, 이산화탄소 안에 들어 있는 '탄소의 무게'만을 그램 단위로 표시한 거야. 예를 들어 '이산화탄소의 양이 120그램(탄소 질량)'이라고 한다면 탄소는 1몰(Mol－물질의 질량을 결정하는 단위)당 12그램, 이산화탄소는 1몰당 44그램이니까 이 비율을 적용시키면 이산화탄소의 양은 440그램이 되는 거야.

이산화탄소의 무게라고는 하지만 기체이기 때문에 사실은 '체적'이라고 해야 맞을 거야.

　기온이 0도이고 1기압인 장소에서 1몰의 기체는 22.4리터(아보가드르의 법칙)이므로 44그램의 이산화탄소는 22.4리터인 셈이지. 이 비율로 계산하면 세계가 1년간 배출하는 이산화탄소의 양 232억 톤은 1만 1810세제곱미터, 다시 말해 지름이 28킬로미터인 공과 같은 체적이야.

'교토 의정서'란?

   교토 의정서가 뭐지?

● 1997년에 교토(京都)에서 열린 국제회의에서 '앞으로 세계 각
국은 이렇게 온난화를 방지한다' 라는 방침을 정했어.
'이렇게' 안에 들어 있는 내용을 의정서 형식으로 정리했고 그
회의가 교토에서 열렸기 때문에 교토 의정서라고 부르는 거지.

   교토 의정서에는 어떤 내용이 들어 있는데?

● 가장 큰 줄기는 2008년부터 2012년까지(제1목표기간) 선진국
전체의 이산화탄소 배출량을 1990년 대비 5퍼센트 이상 감소
시키자는 거야. 나라별로 목표량도 각각 다르게 정했어. 미국
은 7퍼센트, 일본은 6퍼센트, 유럽연합은 8퍼센트야.

 교토 의정서란?

> 1997년 교토에서 열린 지구 온난화에 대한 국제회의에서 결정된 약속. 온
> 난화 방지를 위해 선진국의 이산화탄소 배출량을 감소시키는 '목표수치' 를
> 정했다. 우리나라는 개발도상국으로 분류되어 일단 의무대상국에서 제외되
> 었으나 앞으로 감축 의무 부담에 참여하라는 압력이 거세질 전망이다.

? 　미국의 목표량이 7퍼센트라는 건 무슨 의미야?

● 말하자면 1990년의 전체 배출량을 100이라고 한다면 2008년 부터 2012년 사이의 배출량을 93으로 줄이자는 뜻이야.

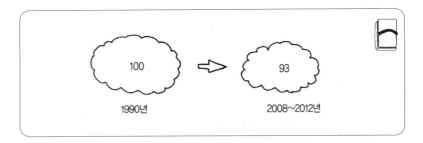

100

93

1990년

2008~2012년

 　국가별로 목표치를 다르게 설정한 이유는 뭐야?

● 이산화탄소 배출량을 줄이는 것은 국가 경제 발전과 밀접한 관계가 있어. 때문에 경제 발전 정도에 따라 각국의 목표수치를 다르게 정한 거래.

 　그렇구나. 다들 수치가 적었으면 하고 바라겠는걸.

● 지금은 조금 부담스럽게 느껴지겠지만 조금만 노력하면 경제나 온난화 모두 점점 나아질 거야.

 　구체적으로 회의는 어떤 식으로 진행된 거야?

● 1990년대 중반에 유럽연합의 이산화탄소 배출량이 1990년 수준으로 떨어졌어. 그때 처음으로 전체 목표수치를 10~15퍼센트로 정하자고 제안했지. 그런데 다른 선진국들은 이미 6~10퍼센트 상승한 뒤였기 때문에 반대를 하고 나섰어. 미국과 일본은 중간 정도인 0~5퍼센트를 주장했지. 두 나라 모두 이 문제가 경제 발전에 영향을 줄 것을 걱정했기 때문이야.

하지만 미국은 발표 직후에 이런 제안을 덧붙였어.

- 삼림에 의한 이산화탄소의 흡수량을 감소율에 더할 것.
- 배출할 수 있는 권리를 개발도상국으로부터 사들일 수 있도록 할 것.

미국은 숲도 돈도 많은 나라니까, 말하자면 자기 나라에 유리한 제도를 도입하는 조건으로 목표수치를 엄격히 적용하자는 의견에 동의했어. 결국 유럽연합측의 주장도 함께 받아들여 3개 정도의 조항에 합의하기에 이르렀어. (교토 의정서의 내용은 52페이지를 참고할 것.)

◎ 교토 의정서의 목표수치를 달성할 수 있을까?

● 그런데 말이야. 2001년 봄에 미국의 부시 정권은 교토 의정서를 공식 탈퇴하겠다고 발표했어.

탈퇴라니, 무슨 뜻이지?

● 즉, '미국은 교토 의정서에 더 이상 참가하지 않겠다고 선언'
한 거야. 이때 미국의 참여를 조건으로 내걸었던 오스트레일리
아도 함께 탈퇴하게 됐어.

 세상에, 그래도 되는 거야!

● 당연히 세계 여론이 비판하고 나섰어. 미국은 이산화탄소 배출
량 면에서 부동의 1위를 차지하고 있었거든. 세계 배출량의 20
퍼센트 이상을 차지하고 있으면서 책임을 회피한 거야. 미국
내에서도 여론이 들끓었다고 하더군.
그때 주목받은 것은 일본의 대응이었어. 일본의 목표수치는 외
국에 비해 가장 실현 불가능해 보였거든. 유럽연합도, 러시아
도, 이미 목표에 근접해 있었지만 일본은 2000년에 벌써 1990
년보다 10.5퍼센트나 증가한 상태였어. 그러니까 앞으로 16.5
퍼센트를 줄여야만 하는 거지.

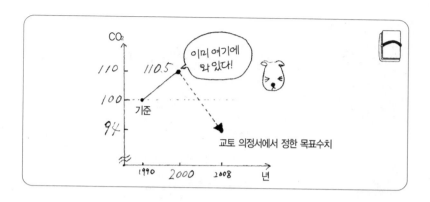

지금까지 이산화탄소의 양이 증가한 속도보다 몇 배 빠르게 감소시키지 않으면 의정서를 지킬 수 없을 거야.

 목표수치를 지키는 일이 가능할까?

● 1970년대 오일쇼크 이후, 에너지 대책을 세워 최소한의 수치로 맞춘 상태라 일본의 산업계에서는 이보다 줄일 수는 없다고 말하고 있어.
하지만 일본은 미국을 설득하면서 2002년 6월 초에 교토 의정서를 비준(批准)할 것을 제의했지.

 비준이 뭐지?

● 약속을 지키겠다고 선언하는 거야. 러시아도 교토 의정서를 비준할 것이기 때문에 교토 의정서는 곧 효과를 발휘할 예정이야.

교토 의정서의 내용

대상 가스	이산화탄소, 메탄가스, 아산화질소, HFC, PFC, SF6
기준 연도	1990년
제1목표기간	2008~2012년
선진국의 감소목표	기간 중에 대상 가스의 배출량을 기준년의 배출량에 비해 각국에게 할당된 양 이상만큼 감소시킨다.
선진 각국의 목표수치	일본 : 기준년의 94% (6% 감소) 유럽연합 : 기준년의 92% (8% 감소) 러시아 : 기준년의 100% (0% 감소) 미국 : 기준년의 93% (7% 감소) * 오스트레일리아 : 기준년의 108% (8% 증가) * * 미국과 오스트레일리아는 탈퇴를 선언. * 이후 참가국은 총 7개국.
단서	목표기간 내에 할당량을 충족시키지 못한 경우, 그 차이는 다음 목표기간의 할당량에 더한다.
흡수원	1990년 이후 새로 조성된 숲이나 숲의 감소로 인한 이산화탄소도 온실효과기체의 양으로 계산한다.

교토 메커니즘

1. 배출량 감소 : 감소 목표 이상으로 배출량을 줄인 선진국이 그 분량을 다른 선진국(감소 목표를 달성하지 못한 국가)에게 팔 수 있다.
2. 공동 실시 : 선진국끼리 에너지 효율 향상 등의 프로젝트를

진행하는 경우, 그 사업에서 감소된 이산화탄소의 배출량은 적당히 배분할 수 있다.

3. 클린 개발 메커니즘 : 선진국이 개발도상국에서 자연 에너지를 개발하는 데 공헌하는 경우, 그 나라에서 감소된 분량만큼을 자국의 감소분에서 뺄 수 있다.

◎ 다양한 실험들

세계에서 가장 이산화탄소를 많이 내보내는 미국이 참가하지 않는다면 다른 선진국들이 아무리 애쓴다고 해도 별로 효과가 없지 않겠어?

● 그렇지. 배출량 2위에 전 세계 배출량의 약 14퍼센트를 차지하고 있는 중국도 교토 의정서가 정한 수치에 제약받지 않고 있거든.

그럼 중국은 교토 의정서를 비준하지 않았군.

● 아니, 비준하고 있어. 다만, 고도 성장기에 있는 중국은 '개발도상국' 그룹에 들어 있지. 교토 의정서에서 개발도상국들은 목표 수치가 아닌 노력 목표를 정하고 있는데, 그건 강제력이 없어. 미국이 탈퇴할 때 표면적인 이유로 꼽은 것이 바로 이 문제였

어. 그래서 배출량의 40퍼센트를 배출하고 있는 미국과 중국의 상황이 극적으로 호전되는 일은 거의 없을 거야.

 미국하고 중국을 빼고 다른 나라가 목표수치를 달성한다면 어느 정도의 효과가 있을까?

● 솔직하게 말해서 교토 의정서를 비준한 나라들이 모두 목표를 달성한다고 해도 그건 고작해야 1990년 배출량에 비해 3퍼센트 감소한 것에 불과해. 그러니까 교토 의정서가 지구 온난화 문제를 해결할 방법이라고는 말할 수 없지.

 그럼, 그런 쓸모없는 짓을 왜 하는 거야?

● 교토 의정서를 비준한 나라들은 이런 생각을 갖고 있어. 교토 의정서는 2008~2012년을 제1목표기간으로 정하고 있는데, 이것을 앞으로 제2, 제3의 목표기간을 지내면서 거의 모든 나라가 지구 온난화 방지에 참가할 수 있게 하는 첫걸음을 내딛었다고 말이야.

제1목표기간 내에 일본과 유럽연합이 이산화탄소 감소를 위해 시작한 첫 번째 실험은 세계 최초로 미지의 세계에 대한 도전이라고 할 수 있지.

'화석연료가 아닌 차세대 에너지 개발', '환경을 생각하는 사회 시스템의 구축', '라이프 스타일이나 가치관의 변화' 등 앞으로 우리가 할 일은 많아. 더 많은 실험과 방법을 연구해야겠지만 말이야.

 교토 의정서가 곧 발효된다면, 우리나라도 온실기체를 줄이기 위한 대책을 미리 마련해야 되지 않을까?

● 맞아. 아마 우리나라는 인도, 멕시코 등과 함께 2008년쯤부터는 교토 의정서에 참여해야 할 거야. 그래서 우리 정부는 온실기체를 줄이기 위한 방안과 산업구조를 환경친화적으로 바꾸기 위한 방안을 마련하려고 노력 중이야.
하지만 환경에 나쁜 영향을 미치지 않으면서 동시에 풍요로운 생활을 누리기 위해서는, 정부 차원의 노력도 중요하지만 개인이 할 수 있는 쉬운 방법부터 실천에 옮기지 않으면 안 돼.

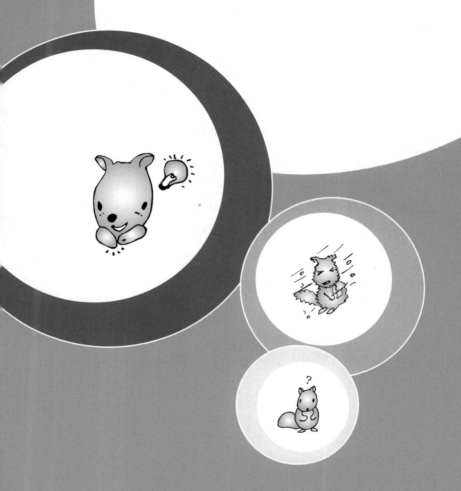

2장

지금, **환경**은
어떻게 변하고 있나?

다이옥신이란?

◎ 다이옥신의 정체

윽! 냄새! 숨을 쉴 수가 없어!

● 다람아, 지금 뭐하는 거야?

도토리를 날것으로 먹는 게 지겨워서 구워 먹으려고 했거든. 근데 모닥불 속에 무언가 들어갔나 봐. 매캐한 냄새 때문에 도저히 먹을 수가 없어.

● 아하, 모닥불 속에 비닐 봉투가 섞여 들어갔구나. 그 도토리는 안 먹는 게 좋겠어. 다이옥신이 생겼을지 모르거든.

아람아, 다이옥신이 뭔데? 나쁜 녀석인가 봐. 이런 냄새가 나는 걸 보면…….

● 잠깐, 진정해. 모닥불을 끄고 천천히 이야기해 보자.

◎ 치사량 0.0000006그램

● 다이옥신은 맹독성 화학물질이야. 물질을 태웠을 때 조금씩 발생해서 문제가 되고 있지.

그 독성이 얼마나 강하냐면, 사람이 만든 화학물질 중에서 최고라고 할 수 있어.

 세상에, 그렇게 무섭다니! 최고란 어느 정도를 말하는 거야?

● 쥐를 대상으로 실험을 했는데 체중 1킬로그램당 0.0000006그램(=0.6마이크로그램)의 다이옥신을 주입했더니 절반 이상이 죽고 말았다는 연구 결과가 있었어.

흔히들 청산가리가 가장 무서운 독이라고 말하지만 다이옥신의 독성은 청산가리의 무려 2만 배에 달해.

 치사량이 0.0000006그램이라니. 도대체 0이 얼마나 붙은 거야. 이 정도라면 눈에 보이지 않는 아주 적은 양이잖아. 난 다람쥐니까 실험용 쥐와 거의 같은 양으로도 죽겠네?

● 아니, 꼭 그런 것은 아니야. 다람쥐로 실험한 결과는 없으니까 정확한 결과는 알 수 없어. 독성이 미치는 영향은 동물의 종류에 따라 매우 다르거든.

예를 들어 실험용 쥐와 모습이 비슷한 햄스터의 경우에는 치사량이 체중 1킬로그램당 약 5,000마이크로그램이야.

다시 말해 실험용 쥐의 치사량보다 약 8,000배 가까이 높은 거지. 햄스터의 치사량은 실험용 쥐의 8,000분의 1!

참고로, 사람과 가장 가깝다는 원숭이의 치사량은 체중 1킬로그램당 50~70마이크로그램이야. 민감한 정도로 보면 실험용 쥐와 햄스터의 중간쯤 되지.

 다이옥신이란?

물질을 태울 때 발생하는 맹독성 화학물질. 사상 최강의 독성. 동물에 대한 영향력은 종류에 따라 많은 차이를 보인다.

 동물에 따라 왜 그렇게 차이가 날까?

● 유감스럽게도, 그 이유는 아직 확실히 밝혀지지 않았어.

다이옥신의 독성

실험용 쥐	햄스터	원숭이
0.0000006그램에서 절반이 사망	0.005그램이 치사량	0.00005그램이 치사량

다이옥신에는 냄새나 맛이 있어?

● 전혀 없어. 그래서 공기 중에 다이옥신이 떠다닌다고 해도 우리는 전혀 눈치 채지 못하고 고스란히 들이마시게 되지. 만일 음식물 속에 다이옥신이 들어가 있어도 알 수 있는 방법은 없어.

 치사량에 가까운 다이옥신이 몸에 들어오면 곧장 죽는 거야?

● 아니, 일주일 정도 지난 후부터 서서히 증상이 나타나고 곧 죽게 돼. 이런 현상을 '급성독성'이라고 해. 급성이라도 곧 죽는 건 아니고 일정한 증상이 나타나지.
하지만 실제로는 다이옥신에 급성으로 중독될 가능성은 매우 희박해. 다이옥신은 적은 양이 긴 시간 동안 몸속에 축적되는 '만성독성' 물질이야.
증상이 나타나기 전까지 몸속에 차곡차곡 쌓이게 되는 거지.

 한꺼번에 중독되는 것보다 조금씩 몸속에 쌓이는 것이 어째서 더 무서운 거야?

● 무섭다기보다는 중독될 가능성이 매우 높기 때문에 주의해야 한다는 거야.

눈에 보이지 않고 냄새도 없어 알아챌 수 없는 물질이 공기 중에 떠다니다가 자연스럽게 우리 몸에 들어온다고 생각해 봐.

 그냥 공기 중에 떠다닌다고?

● 물론이야. 공기 중에 치사량의 다이옥신이 떠다닌다면 모든 사람들이 갑자기 중독되어 죽어 버리겠지. 문제는 너무 적은 양이기 때문에 우리가 오랜 시간 동안 호흡을 통해 들이마시다가 중독된다는 사실이야.

나중에 자세하게 설명하겠지만 다이옥신이 발생하게 된 가장 큰 원인은 쓰레기 소각이야. 쓰레기를 태울 때 나온 연기가 공기와 섞여 떠다니면서 독성을 퍼뜨리지.

 만성독성이란?

적은 양의 독성이 장기간 몸속에 축적될 때 나타나는 독성. 다이옥신의 이런 성질 때문에 중독에 대한 위험성이 더욱 크다고 할 수 있다.

◎ 기름에 녹는 유용성 독극물

 몸속에 다이옥신이 들어오면 어떻게 해야 하지?

● 전혀 배출되지 않는 것은 아니지만 한번 흡수되면 거의 분해
되지 않아. 고스란히 몸속에 쌓이게 되는 거지.

그 이유는 다이옥신이 물에 녹지 않는 유용성인데다, 화학적으
로 안정된 물질이기 때문이야. 그래서 체내에서 지방분이 많은
곳에 쌓이게 돼.

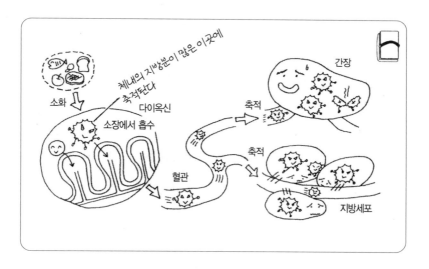

그림에서 보는 것처럼 다이옥신이 생물의 체내에 들어가면 체
지방 속에 차곡차곡 쌓인단 얘기야.

 다이옥신은 왜 몸속에 축적될까?
1. 물에 녹지 않고 기름에 녹기 쉬운 성질을 가졌기 때문에 소변으로 배출
   되지 않은 채 지방세포에 머물러 있다.
2. 화학적으로 안정된 상태이므로 분해되기가 어렵다.

앗, 그렇구나. 그럼 다이옥신이 몸속에 쌓이면 어떤 점이 나쁜 걸까?

● 다이옥신을 오랜 시간 투여한 동물실험 결과를 보면, 발암(發癌)과 체중 감소, 혈관 축소, 간장의 대사장애, 심근장애, 성호르몬이나 갑상선호르몬 대사장애, 학습능력 저하 등의 증상을 보이는 것으로 나타났어.

 정말 무섭다~ 살리지도 죽이지도 않고 서서히 괴롭힌다니 말이야.

● 그렇지. 가장 유명한 것이 베트남전쟁 당시 미군이 사용했던 고엽제의 피해야.

◎ 고엽제가 무서운 이유

 정글 속으로 도망친 베트콩(베트남 게릴라)을 쉽게 찾아내기 위해 미군이 고엽제를 대량으로 살포했다는 얘기 말이지? 들은 적이 있어.

● 잘 알고 있네. 베트남 전쟁 중, 그러니까 1961년부터 1971년까지 10여 년에 걸쳐 미군은 고엽제를 사용했어. 고엽제의 주성

분은 제초제였는데, 제조 당시 발생한 다이옥신이 섞여 있었어. 이 사실은 나중에야 밝혀졌지.

어떤 현상이 나타났는데?

● 가장 충격적인 사건은 서로 척추가 붙어서 태어난 쌍둥이의 경우였어. 그 밖에도 사산(死産)과 유산은 헤아릴 수 없이 많았지. 고엽제를 접하지 않은 사람에 비해 발생률이 10배에 달했다는 보고가 있어. 문제는 아직도 악몽이 끝나지 않았다는 사실이야. 전쟁이 끝난 지 25년이나 지났지만 고엽제로 인한 오염은 지금도 많은 피해를 불러오고 있어.

베트남에서 사는 사람들은 계속해서 피해를 입고 있겠구나.

● 맞아. 게다가 피해는 단순히 현지인에게만 국한되지 않고 있어. 종전 후 귀국한 미군들 사이에도 암, 특히 피부암이나 손발마비 증세를 호소하는 사람들이 많았고, 이들은 고엽제 생산업체를 상대로 소송을 벌이기도 했지.
이런 종류의 유해물질은 그 피해를 증명하는 데 수십 년이 걸려. 게다가 유해물질과 피해의 인과관계를 알아내기가 무척 어렵거든. 고엽제와 건강상의 피해에 대한 상관관계 연구가 현재 계속되고 있는 상태야.

정말 안타까운 일이야. 전쟁의 피해자들을 생각하면 마음이 아파.

● 나도 그래. 하지만 다이옥신의 피해는 전쟁이나 사고에 국한되지 않아. 우리들도 일상생활 속에서 다이옥신의 영향을 받을 수 있거든. 사실, 모유에서 고농도의 다이옥신이 검출되었다는 사실은 최근 큰 반향을 일으켰지.

◎ 다이옥신, 모유에서 검출되다

뭐라고? 모유에서 다이옥신이! 그럼 아기들이 다이옥신을 그대로 섭취하게 되는 거잖아!
어떤 녀석이 이런 독극물을 만든 거야? 대체.

● 유감스럽게도 그 누구도 일부러 다이옥신을 만든 적은 없어. 앞에서 잠깐 말했듯이 쓰레기를 비교적 낮은 온도로 태우면 다이옥신이 대량으로 발생되는 것으로 알려져 있을 뿐이야.

쓰레기를 태우는 것만으로 다이옥신이 나온다고? 그럼 산불 같은 자연재해에서는 엄청난 양이 발생하겠구나.

● 물론 자연스럽게 나오는 경우도 있겠지. 어떤 연구 자료에 따

르면 바다 밑바닥에 쌓여 있는 흙을 깊은 곳까지 파 내려가면 8,000년 전의 지층에서도 다이옥신이 검출되었다는 보고가 있어. 일부분은 아주 옛날부터 자연에 존재했던 것 같아.

하지만 1930년대 이후의 지층부터 다이옥신의 양이 갑자기 늘어난 것으로 볼 때, 과학의 발달과 밀접한 관계가 있으리라고 생각할 수 있지.

 그럼 인간의 경제활동이 원인이라는 거야?

● 그렇지. 가장 큰 원인은 쓰레기 소각이지만 두 번째는 농약과 살충제의 남용이야.

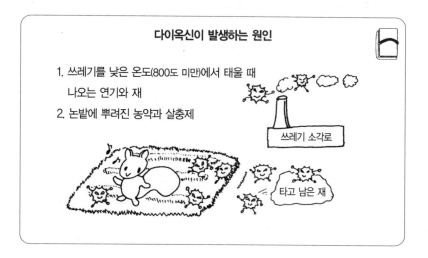

다이옥신이 발생하는 원인

1. 쓰레기를 낮은 온도(800도 미만)에서 태울 때 나오는 연기와 재
2. 논밭에 뿌려진 농약과 살충제

쓰레기 소각로

타고 남은 재

● 농약이나 살충제를 만들 때 부산물로 나오는 PCB(다이옥신의 일종)가 섞이게 되는데, 이것이 대량으로 논밭에 뿌려졌다는

사실이 나중에야 밝혀졌어.

참고로 PCB의 정식 명칭은 폴리염화비페닐이야.

 쓰레기 소각, 농약, 살충제가 원인이라는 것도 한참 후에야 알게 된 거구나!

● 안타깝지만 사실이야. 우리는 늘 인간과 동물의 몸에 증상이 나타난 후에야 문제의 심각성을 깨닫게 되거든.

◎ 다이옥신 대책, 이제부터가 시작이다

 다이옥신의 발생 원인을 알았으니 당연히 그것을 제거하기 위해 노력하고 있겠지?

● 1980년대 이후 활발한 대책을 세우고 있는 선진국에 비해 우리나라의 대응은 매우 늦은 편이야.

 흠……. 그러니까 우리나라가 다이옥신 대책을 세운 것은 얼마 전인 셈이군.

다이옥신의 위험은
사라지는가

다이옥신을 줄이려고 노력하기 시작해서 정말 다행이야.

● 하지만 아직 안심하기는 일러. 앞으로 배출될 다이옥신의 양은
감소할지 모르지만 우리가 살고 있는 환경 속에 이미 축적되어
있는 다이옥신 처리가 문제거든.

그렇구나. 분해가 잘 되지 않으니까 한번 발생하면 좀처럼
없어지지 않겠지.

● 그래. 예를 들면 쓰레기 소각로에서 나오는 다이옥신은 사실
연기에 섞여 공기 중에 떠다니는 양보다 타고 남은 재에
80~90퍼센트나 남아 있거든.
지금까지 소각로에서 나온 부산물은 땅에 묻어 왔는데, 그곳에
서 발생한 다이옥신이 토양이나 지하수로 흘러가기도 했어.

공기 중이나 토양, 지하수에 남아 있는 다이옥신을 그냥
방치해 두면 어떤 일이 일어나는 거야?

● '생물농축' 현상이 일어나서 인간에게 극심한 피해를 줄 수
있어.

 생물농축?

● 바다에서부터 시작해 볼까. 다이옥신은 분해되기 어려워서 고
스란히 생물의 몸속에 축적되는데, 예를 들어 플랑크톤이 다이
옥신에 노출되면 그것을 먹은 작은 물고기는 엄청난 양의 다이
옥신을 섭취하게 되겠지?

10마리의 플랑크톤을 먹은 물고기를 다시 큰 물고기가 잡아먹
는다고 하자. 큰 물고기 한 마리가 작은 물고기 10마리를 먹고,
다시 다랑어 같은 육식성 물고기가 10마리의 큰 물고기를 먹는
다면…….

계산해 보면 알겠지만 다랑어의 몸속에는 처음 플랑크톤이 가
지고 있던 다이옥신 양부터 차곡차곡 쌓이는 거야. '10×10×
10=1,000'이니까 다랑어는 플랑크톤보다 무려 1,000배에 가
까운 다이옥신을 섭취하는 셈이지.

따라서 다랑어의 몸속에는 플랑크톤보다 1,000배 넘는 다이옥
신 성분이 쌓이게 되는 거야!

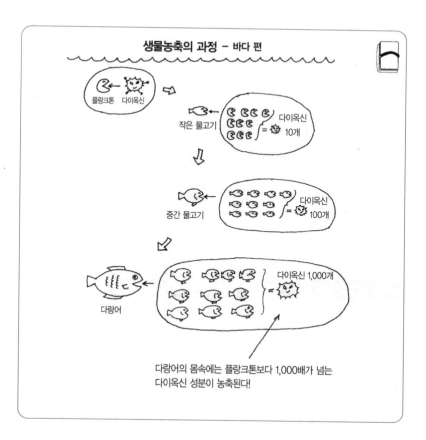

생물농축의 과정 - 바다 편

플랑크톤 다이옥신

작은 물고기 다이옥신 = 10개

중간 물고기 다이옥신 = 100개

다랑어 다이옥신 1,000개 =

다랑어의 몸속에는 플랑크톤보다 1,000배가 넘는 다이옥신 성분이 농축된다!

 세상에, 정말 끔찍하군.

● 물론 이건 '가설'에 불과해. 모든 물고기가 다이옥신에 노출된 것은 아니니까. 단지 오염된 바다가 이런 결과를 불러올 수 있다는 사실을 자각시키기 위한 것이지.

분명한 사실은 생태계의 최고 위치에 있는 인간이 다이옥신에 중독될 가능성이 높다는 점이야. 게다가 기름에 잘 녹는 성분 때문에 모유로 흡수되기도 쉬워. 최악의 경우 체내의 다이옥신 농도가 점점 늘어나면서 세대에 걸쳐 이어진다는 거지.

 생물농축이란?
생태계의 상위를 차지하는 동물일수록 체내에 축적되는 독성이 더 강해지는 것을 말한다.

◎ 모유를 끊어라?

 아하, 그래서 다이옥신을 조사할 때 모유를 검사하는 구나.

● 그 때문에 최근 모유 수유를 기피하는 현상이 나타나게 되었지. 지금도 찬반양론이 분분한데, 아직은 다이옥신이 무서워서 모유 수유를 포기하기보다는 아기의 면역력을 키운다는 모유의 장점에 점수를 더 주고 있어.

◎ 생활 속에서 다이옥신을 줄이는 방법

 그렇구나……. 마구 질주하는 다이옥신이라는 자동차에 브레이크를 걸긴 했지만 아직도 엔진은 돌아가는 셈이군. 그러면 우리들이 생활 속에서 주의할 일은 없을까?

● 우선 다이옥신이 발생할 가능성을 줄이는 게 좋겠지. 그리고 이미 몸속에 들어온 다이옥신 성분을 내보내기 위해서는 식이섬유나 녹황색 채소를 많이 섭취해야 해.

쓰레기 분리수거   녹황색 채소와 식이섬유를 많이 섭취

다이옥신 발생을 줄이려면

• 태울 때 다이옥신이 발생하므로 염소계 플라스틱은 '소각용 쓰레기'에 섞지 않는다.
• 소각로가 아닌 장소에서 쓰레기를 태우지 않는다.
• 스티로폼이나 플라스틱 용기는 재활용한다.
• 쓰레기의 양을 줄이는 데 신경쓰고 물기를 뺀 후 버린다.

다이옥신으로부터 우리 몸을 지키려면

- 야채는 깨끗하게 씻어 먹는다.
- 식이섬유나 녹황색 채소를 많이 섭취한다.
- 지방분이 많고 근해에서 양식하거나 잡은 생선은 되도록 많이 먹지 않는다.
- 육류의 지방 부분은 제거하고 먹는다.
- 공업지대와 가까운 해안에서 잡은 조개에는 다이옥신이 많이 함유되어 있으므로 적당량만 섭취한다.

환경호르몬이란?

 영차, 영차. 휴~

● 다람아, 너 뭐하는 거야?

 응, 저쪽 언덕에서 재미난 걸 발견했거든. 아람아, 도토리 담아 놓는 그릇으로 사용하면 좋을 것 같지 않니?

● 그게 뭘까……. 비치볼처럼 반투명하네? 감촉이 부드럽지 않아?

 맞아. 이걸 머리에 쓰면 비가 와도 젖지 않을 거야.

● 하지만 인간이 만든 물건은 때때로 위험할 수도 있으니까 조심해야 해.

 괜찮아. 아무리 맛있는 냄새가 나더라도 아무거나 먹지는 않으니까.

● 아무리 안전해 보이는 물건이라도 환경호르몬이 들어 있을지 몰라.

환경호르몬?

● 최근에 밝혀진 사실인데, 환경 속에 존재하는 화학물질 가운데 생물의 체내에 들어가면 호르몬과 비슷한 작용을 해서 사람에게 해를 입히는 물질이야. 그런 화학물질을 통틀어 '환경호르몬' 이라고 부르지.

◎ 호르몬의 비밀

 그런데 호르몬이 뭐야?

● 응, 호르몬이란 우리 몸속에서 아주 적은 양만 분비되는 정보 전달 물질이야. 생체 활동을 조절하기 위해서 아주 중요한 역할을 수행하고 있지. 예를 들면, 뇌에서 '춥다'고 느끼면 체온을 올리라는 명령을 내리겠지? 그 지령을 받은 '갑상선호르몬' 이 체온을 상승시키기 위해 필요한 세포를 움직이는 거야.
그리고 생식에 필요한 기능을 조절하는 호르몬을 '성호르몬' 이라고 하는데, 이것이 적절한 시기에 작용함으로써 남성성과 여성성을 띠게 돼.
말하자면 호르몬은 각각의 특성에 맞는 세포에만 작용할 정보를 갖고 있는 셈이지. 그래서 곧잘 열쇠와 비유되기도 해.

호르몬이 열쇠와 같다고? 이해하기 어려운데……

● A의 집 열쇠로 B의 집 현관문을 열 수 없듯이 호르몬도 일정한 목적에 맞는 세포에만 작용한다는 뜻이야.

뇌로부터 지령을 받은 특정한 열쇠(호르몬)는 혈관을 타고 이동하여 목표 지점에 도착하게 돼. 그 목표 지점의 세포에는 '리셉터'(수용체)가 있어서 그곳에 호르몬이 꼭 들어맞으면 뇌의 지령이 세포로 충실하게 전달되는 거야.

명령을 받은 세포는 필요한 단백질을 분량만큼 만들어 우리 몸의 건강을 지켜 주지.

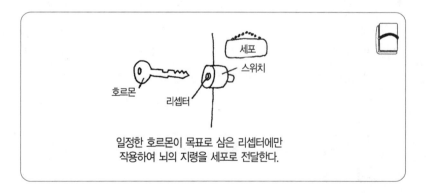

일정한 호르몬이 목표로 삼은 리셉터에만
작용하여 뇌의 지령을 세포로 전달한다.

 아하, 그러니까 호르몬은 작전 암호를 전달하는 전서구(통신용 비둘기)인 셈이군.

● 전서구? 딱 맞는 비유인걸.

호르몬 중 대표적인 것으로는 남성호르몬과 여성호르몬, 체온 조절 기능이나 다른 세포 기능을 활성화시키는 갑상선호르몬, 키를 자라게 하는 성장호르몬이 있어.

◎ 환경호르몬이란 무엇일까?

 호르몬이 무엇인지 대충 알게 되었으니까 이제는 환경호 르몬에 대해 설명해 줘.

● 한마디로 말하면 인간이 만들어 낸 유기 화학물질이라고 할 수 있어.

진짜 호르몬과 닮은 분자구조(열쇠와 비슷함)를 가지고 있기 때문에 체내에 흡수되면 마치 호르몬이 분비된 것처럼 변화를 일으키지. 환경호르몬의 정식 명칭은 '내분비계 장애 물질'이야.

 환경호르몬이 몸속에 들어오면 도대체 무슨 일이 벌어지는 거야?

● 환경호르몬은 '전서구인 척하는 까마귀'와 같아. 가짜 지령서를 세포들에게 배달하지.

세포는 갑자기 불필요한 명령이 들어와서 잠시 당황하지만 꼭 들어맞는 열쇠를 가진 호르몬이니 그대로 명령을 수행하는 거야.

 엥? 그럼 큰일이잖아.

● 맞아. 본래 뇌가 보낸 지령이 아니기 때문에 생체 조절 능력에 이상이 생기게 되지.

◎ 환경호르몬의 영향

 그 증상을 좀더 자세히 말해 줘.

● 작용 원리를 완전히 밝혀내지는 못했지만 우리에게 끼치는 영향은 대충 이런 거야.

환경호르몬은 비정상적인 세포 증식으로 암세포 수를 증가시키거나 자궁내막증을 일으키고 정자의 수를 감소시킨다고 알려져 있어.

 우와, 지능범이 따로 없네.

● 환경호르몬의 영향이 처음으로 알려진 것은 생태계야. 상상할 수 없었던 끔찍한 사건들이 이어졌지.

수컷의 생식기를 가진 암컷 우렁이가 대량으로 발견되는가 하면, 미국에서는 암컷끼리 짝을 이룬 갈매기나 성별이 암컷으로 변한 악어가 나타나 각 개체의 숫자가 격감하는 현상이 벌어지기도 했어.

◎ 대공개! 용의자 리스트

 ? 그게 사실이라면 하루라도 빨리 환경호르몬을 없애야 하지 않겠어? 도대체 이런 현상이 나타나는 원인이 뭐야?

● 완전하게 밝혀지지는 않았지만 꽤 의심되는 물질이 우리 가까이에 떠다니고 있지.

앞서 말했던 다이옥신도 대표적인 환경호르몬이고, 그 밖에 DDT라 불리는 살충제나 페놀 등 여러 가지 유기 화학물질이 그 주인공이야.

2003년, 국립환경연구원은 유엔환경계획(UNEP) 산하 지구환경금융(GEF)과 함께 연구한 결과 다이옥신과 PBC를 우선관리 물질로 선정했다고 발표하기도 했어.

◎ 진범을 밝혀라

 우리나라의 생태계도 환경호르몬에 심각하게 오염되어 있단 말이야?

● 2003년의 조사 결과에 따르면, 전국에서 채집된 800마리의 붕어 중 38마리(4.8%)에서 생식 이상이 발견되었어.
수컷에서 암컷의 난세포가, 암컷에서 수컷의 정소 조직이 나타난 거야.

 역시 환경호르몬은 무시무시한 재앙이구나.

● 물론 물고기에게는 그렇지. 그런데 환경호르몬에 대한 정보를 다룰 때는 주의할 점이 있어. 바로 실험의 결과가 어떤 동물을 이용한 결과인지 반드시 따져 보아야 해. 호르몬이 작용할 때는 열쇠(호르몬)와 열쇠 구멍(리셉터)이 각각 무엇인가가 중요하거든.

열쇠 구멍의 형태는 생물의 종류에 따라 천차만별이야. 같은 물고기라고 해도 환경호르몬으로 작용하는 물질이나 그 양이 다르지. 또한 물고기에게 해롭다고 해서 그것이 인간에게도 같은 영향을 끼친다고 단정 지을 수는 없어.

그래서 포유류를 대상으로 한 실험도 세계 곳곳에서 진행되고 있어. 하지만 환경호르몬은 다이옥신과 달리 인체에 축적되는 양이 적고 비교적 몸 밖으로 배출되기 쉬워서 아직까지 그 영향력은 확실히 밝혀지지 않았지.

◎ 환경호르몬에 대한 정보

 듣던 중 반가운 소리네. 하지만 앞으로 환경호르몬의 농도가 점차 높아질 것 아냐?

● 그건 그래. 환경호르몬이 포함된 물질을 원료로 사용하는 우리들도 늘 주의를 늦추어선 안 돼. 아직은 환경호르몬의 원인 물질이 몇 가지밖에 밝혀지지 않은 상태니까.

그 밖에 다른 물질은 농도를 달리해서 연구를 계속하고 있는 중이야. 농도가 낮았을 때 피해를 입지 않는다고 해도 농도가 높아지면 결과는 얼마든지 달라질 수 있거든.

 그렇구나…… 앞으로 환경호르몬이 물고기뿐만 아니라 포

유류에 미치는 영향도 연구한다니까 조만간 그 결과가 나오겠지? 정말 궁금하다.

어떤 결과가 발표되는지 관심을 가지고 지켜봐야겠지. 신문이나 뉴스에 늘 주의를 기울이는 거야. 좀더 자세한 상황을 알고 싶으면 환경부 홈페이지(http://www.me.go.kr)나 국립환경연구원 홈페이지(http://www.nier.go.kr)를 방문해 보는 것도 좋겠지.

◎ 컵라면 용기는 안전한가?

 얼마 전에 컵라면 용기에서 환경호르몬이 나온다고 해서 한동안 떠들썩했던 기억이 나는데 그게 사실이야?

● 그래, 컵라면에 뜨거운 물을 부으면 스티로폼 용기에서 환경호르몬이 배어 나올지 모른다고 했었지.

 그때 정말 시끄러웠어.

● 컵라면의 합성수지 용기에서 검출된 환경호르몬 물질은 '스티렌 다이머'와 '스티렌 트리머'였어.

아니, 그럼 컵라면도 안심하고 먹을 수 없겠네?

● 하지만 앞으로는 조금씩 나아질 거야. 현재 컵라면 생산업체들은 컵라면 용기 중 일정량 이상은 의무적으로 합성수지 대신 종이로 만들어야 하거든.
친환경적인 재료를 사용한 용기를 개발하고 있는 업체들도 있대.

컵라면 용기가 무죄를 선고받은 셈이군?

● 연구 발표 자체가 흑과 백, 어느 쪽에도 치우치지 않고 있어서 불안해 하는 사람이 아직도 많은 것 같아. 하지만 용기에서 흘러나오는 환경호르몬의 양이 극히 적기 때문에 민감하게 반응할 필요는 없다고 말한 연구원도 있었어.
결과야 어쨌든 컵라면 제조 업체에게는 큰 타격이었어. 매출이 뚝 떨어지자 신문에 "컵라면 용기에서는 환경호르몬이 나오지 않습니다"라는 광고를 싣기도 했고, 용기의 소재를 '폴리스틸렌'에서 '폴리프로필렌'이나 종이 용기로 바꾸는 회사도 생겨났지.

휴~ 정말 복잡하다. 컵라면 회사들이 무해하다고 주장하면서도 용기를 다른 것으로 바꾸어야 하는 상황이라…….

● 소비자의 불안 심리가 상품을 바꾸고 있는 거야. 기업에게는 치

명적인 결과를 피하기 위한 어쩔 수 없는 선택이지. 소비자의 적극적인 활동은 기업윤리 저하를 방지하는 역할을 하기도 해.

◎ 환경호르몬의 피해를 줄이자

 환경호르몬의 피해로부터 우리 자신을 보호하기 위해 할 수 있는 일은 무엇일까?

● 일단 의심스러운 물질은 피하는 것이 좋겠지. 식품의 용기나 랩, 장난감 등의 성분을 확인할 필요가 있어.

• 프탈산 에스테르 종류를 비롯하여 폴리염화비닐로 만든 요리용 장갑 등을 끼고 기름기 많은 음식을 만지지 말 것.
• 아기용 장난감(치아발육기 등)을 고를 때 폴리염화비닐로 된 제품은 가급적 피할 것.

 프탈산 에스테르의 종류에는 어떤 게 있지?

● 프탈산 에스테르는 폴리염화비닐(PVC, Polyvinyl chloride)을 부드럽게 만들기 위해 쓰는 화학물질이야. 첨가제 혹은 가소성 물질이라고 부르지. 독성은 약하지만 환경호르몬의 배출 원인 중 하나로 의심되고 있어. 이제 물건을 살 때는 원재료에도 주

의를 기울여야 할 거야.

이번에는 위험하다고 단정 지을 수는 없지만 예방 차원에서 알아 두어야 할 일에 대해 설명해 줄게.

프탈산 에스테르 에 주의할 것!!

유아용 장난감(딸랑이, 치아발육기 등), 조리용 장갑 등

일반적으로 환경호르몬으로 의심받고 있는 물질은 기름에 녹기 쉬운 성질을 가지고 있기 때문에 다음 사항에 신경써야 해.

• 슈퍼마켓이나 편의점, 마트에서 지방 성분이 많은 음식을 샀을 경우에는 빠른 시간 안에 유리나 도자기로 만든 그릇에 옮겨 담는다.
• 일회용 도시락 용기에 들어 있는 음식을 그대로 전자레인지에 데워 먹지 않도록 한다.
• 기름기 많은 음식을 랩으로 싼 후 전자레인지에 가열하지 않는다.
• 폴리스틸렌 용기에 담긴 컵라면은 유리 그릇에 담아 먹도록 한다.

• 랩을 살 때는 재료가 폴리에틸렌인 것을 고르고, 랩이 염화
비닐수지를 함유하고 있다면 프탈산 에스테르나 노닐 페놀
이 첨가되어 있지 않은 것을 선택한다. (대기업들은 프탈산 에
스테르와 노닐 페놀을 첨가하지 않은 제품을 만들기 위해 연구 중
이다.)
염화비닐계 물질은 모두 다이옥신의 원인 물질이라는 의심
을 받고 있으므로 특별히 주의해야 한다.

몇 번이고 강조하지만 환경호르몬에 대한 연구는 이제 걸음마
단계에 불과해. 따라서 앞으로도 새로운 사실이 계속 밝혀지게
될 거야. 관련 뉴스에 지속적으로 관심을 기울이는 게 좋아.

오존층 파괴에 대한 보고서

◎ 자외선 양이 증가하고 있다

 아, 타는 듯한 태양! 역시 여름에는 이게 최고야.

● 다람아, 뭐하고 있니?

 해수욕장에 놀러 왔거든.

● 그런데 왜 물에는 들어가지 않고 계속 누워만 있어?

 에이, 아람이 넌 뭘 모르는구나. 어른들은 물속에서 첨벙대지 않고 나처럼 선탠을 즐기면서 여유롭게 시간을 보내는 거라고.

● 다람아, 자외선을 조심하지 않으면 안 돼. 물론 자외선 차단 크림은 발랐겠지?

 자외선 차단 크림? 검게 그을리고 싶어서 왔는데 그런 걸 바르다니 말도 안 되잖아. 당연히 안 발랐지.

88

● 하지만 오존 구멍이 커졌다는 사실을 잊어서는 안 돼. 특히 최근에는 급격하게 그 크기가 커지고 있거든.

 오존 구멍? 예전에 몇 번 들어본 것 같은데.

● 맞아. 환경문제를 말할 때면 늘 거론되지.

 그게 무슨 문제라도 되나?

● 오존(O₃ : 산소 원자가 3개 결합되어 있는 물질)층이 얇어지는 거야. 간단하게 말해서 지구를 덮고 있던 오존 막에 구멍이 생겼다는 말이지.

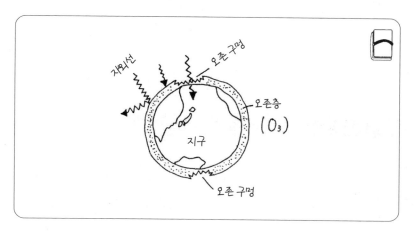

 구멍? 그럼 그 구멍으로 뭐가 들어오는 거야?

● 오존층은 태양으로부터 들어오는 자외선을 막아 주는 역할을 하고 있지. 그런데 이곳에 구멍이 생겼으니 자외선이 직접 지구로 침투하게 되는 거야.

사실 최근 들어 오존 구멍의 크기가 점점 커지고 있어. 그래서 자외선의 양도 급격히 늘고 있지.

 아람아, 자외선을 많이 쬐면 안 돼?

● 자외선은 생물의 세포 속에 있는 유전자의 본체인 DNA를 파괴해. 그 결과 피부암이나 백내장을 일으키는 원인으로 알려져 있어. UNEP(국제연합 환경계획 : United Nations Environment Program)에 의하면 오존층이 1퍼센트만 감소하면 지상에 도달하는 자외선의 양이 2퍼센트 늘어나 피부암의 발병률을 3퍼센트 증가시킨다고 해.

◎ 오존층이 필요한 이유

 오존층은 인간이 살아가는 데 매우 중요한 역할을 하는구나. 그런데 오존층은 어떻게 생기게 되었을까?

● 그건 말이야. 어쩌면 신이 인간에게 주신 선물인지도 몰라.

오존층은 지구가 탄생했을 때부터 있었어?

● 아니, 아주 오랜 기간에 걸쳐 서서히 만들어진 거야. 섬세한 신의 손길이라 할 만하지. 그러면 이제부터 오존층이 생기게 된 과정을 설명해 볼까.

지구는 지금으로부터 46억 년 전에 탄생했다고 알려져 있는데, 그 후 10억 년 정도가 흐른 후 처음으로 지구에 생명이 탄생했어. 원시바다에 나타난 단세포생물이 그 주인공이지. 그들은 바다 속에서 진화를 거듭하면서도 육지로 올라오지는 못했어. 왜냐하면 육지에는 많은 양의 자외선이 쏟아지고 있어서 매우 위험했거든.

하지만 바다에서는 햇빛을 이용한 광합성 작용 덕분에 식물이 성장할 수 있었지. 따라서 산소(O_2)의 양도 점차 늘어나게 되었어. 그게 32억 년 전쯤 지난 뒤였을 거야.

그 결과, 지구에 산소가 충분히 공급되기 시작했어. 산소가 대기권으로 올라가고 그 중에서 일부분은 오존(O_3)으로 남아 오존층을 형성했지.

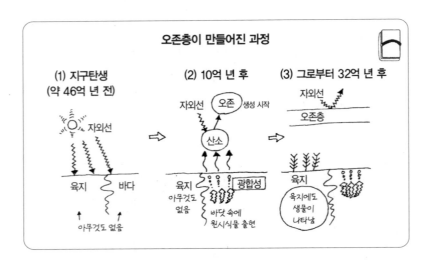

오존층이 만들어진 과정

(1) 지구탄생
(약 46억 년 전)

자외선

육지　바다

아무것도 없음

(2) 10억 년 후

자외선　오존 생성 시작

산소

육지
아무것도
없음

광합성

바닷 속에
원시식물 출현

(3) 그로부터 32억 년 후

자외선

오존층

육지

육지에도
생물이
나타남

 오존층이 생기는 데 32억 년이나 걸렸다고? 신이 아니라 식물들에게 감사해야겠는걸.

● 그럴지도 모르지. 여기에 산소가 자외선을 흡수하고 오존으로 변한 것도 오존층 생성에 한 몫을 한 셈이야.
그러다가 4억 년 전, 오존층이 완전히 지구를 덮게 되었고 덕분에 유해한 자외선이 차단될 수 있었지. 드디어 생물이 살 수 있는 환경이 마련된 거야.

 그렇구나……. 정말 신기한 일이야.

● 현재 오존층은 지상으로부터 10~50킬로미터 상공에 있어. 지구를 완전히 뒤덮고 있지.

오존층에 구멍이 생기기 전에는 그랬겠지?

● 바로 그렇지.

 오존층은 어떻게 생긴 것일까?
식물이 광합성을 통해 만들어 낸 산소가 대기로 올라가면서 오존층이 형성되었다. 생명을 지키는 오존층이 생기기 전까지 지구의 육지에는 약 32억 년 동안 생명체가 살고 있지 않았다.

 10~50킬로미터 상공에 있다니, 오존층은 꽤 두꺼운 편이네? 그럼 충분한 양이 남아 있다는 뜻 아닐까?

● 아니. 이 정도 거리라면 물질이 중력의 영향을 적게 받기 때문에 입자도 작을 뿐만 아니라 지상 기준으로 본다면 3밀리미터 정도의 두께밖에 되지 않는 셈이야.

◎ **오존층의 구멍은 왜 생겼을까?**

 그런데, 오존층에 구멍이 생긴 이유는 뭐지?

● 사람들이 프레온가스를 많이 사용했기 때문이야. 오존층 파괴
  의 주범이지.

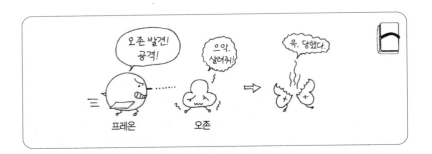

 프레온가스?

● 프레온가스는 20세기 초에 미국 화학자에 의해 만들어진 물질
  이야. 발명 당시에는 '20세기 최대의 발명'이라는 극찬을 받았
  을 정도로 획기적인 물질이었어.

 어째서?

● 당시 발명된 지 얼마 안 된 냉장고의 냉매로 안성맞춤이었거든.

 아람아, 냉매가 뭐야?

● 잘 들어 다람아. 손가락에 소독용 알코올을 묻힌 다음 '후' 하
  고 불면 시원해지는 느낌이 들지? 이것을 '기화열'이라고 하는

데, 이 원리를 이용한 것이 바로 냉장고야. 그리고 기화하는 물질 자체(예를 들어 알코올)를 냉매라고 해.

하지만 프레온이 등장하기 전까지 냉매로 사용된 것은 유해물질이나 인화성 물질이었기 때문에 사람들은 '더욱 안전하고 사용하기 편한 물질'을 찾는 데 혈안이 돼 있었거든.

프레온은 그런 시대 상황에서는 환영받는 발명품이었지.

 오존층은 어떻게 파괴되었을까?

냉장고나 에어컨, 헤어스프레이, 공업용 세정제 등으로 사용된 프레온가스가 오존층 파괴의 주범이다.

◎ 프레온가스의 눈부신 활약

 시대적인 요인이 컸겠군. 그런데 프레온은 어떤 성질을 가진 물질이야?

● 일단 인체에 무해하다는 것이 장점이야. 무색, 무취인데다 기체나 액체로도 간단하게 이용할 수 있지. 뭐니 뭐니 해도 매우 안정된 물질

프레온

이라 다른 것과 섞여도 반응하지 않는다는 장점이 있어.

이런 매력 때문에 프레온은 짧은 시간 안에 다양한 용도로 활용되었지.

냉장고나 에어컨, 공업용 세정제, 헤어스프레이 등 일상적으로 사용하는 제품에 두루 애용되었지.

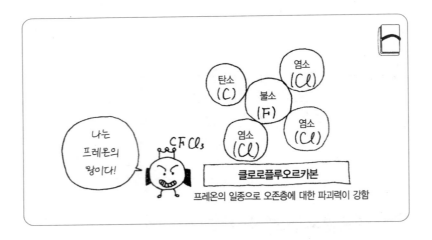

사실 그 밖에도 오존층을 파괴하는 물질은 많지만 대표적인 것으로 '클로로플루오르카본(CFC)'이 있는데, 이것을 일반적으로 프레온이라고 부르고 있어.

◎ 프레온의 진실과 함정

발명 당시, 프레온이 그런 단점을 가졌으리라고는 아무도 예상하지 못했겠지.

● 그렇지. 프레온은 독성이 없으니까 안전하다고 믿었던 거야.

나라도 그랬을 거야. 도대체 무엇이 문제였을까?

● 안정된 물질이라 다른 것과 반응하지 않는다는 점.

어? 그건 프레온의 가장 큰 장점 아니었나?

● 결국 장점이면서 가장 큰 단점이 된 셈이지. 프레온가스는 증발된 상태 그대로 환경에 노출되니까 말이야.

◎ 오존층이 파괴되는 과정

● 공기로 방출된 프레온이 어떻게 되었는지 설명해 볼까? 프레온은 점차 농도가 진해져서 대기 속에 섞이면서 지상 10킬로미터 상공의 대류권을 따라 빙빙 돌게 되었어. 그러다 보니 그 중에서 오존층까지 올라간 입자들이 생겨났지.

자, 이제 문제아인 자외선이 등장할 차례야. 안정된 물질로 각광받았던 프레온도 강력한 자외선 앞에선 속수무책이었어. 자외선의 에너지는 프레온을 분해했고, 결국 대량의 염소를 발생시켰지.

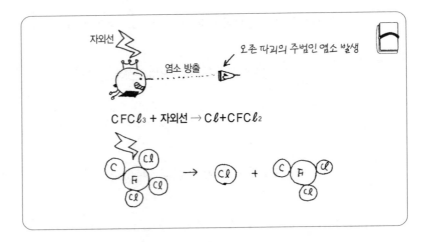

이렇게 해서 밖으로 나온 염소가 오존층 파괴의 진짜 범인이라고 할 수 있어. 염소가 오존과 결합하면서 아래와 같은 반응이 일어나게 되었으니까.

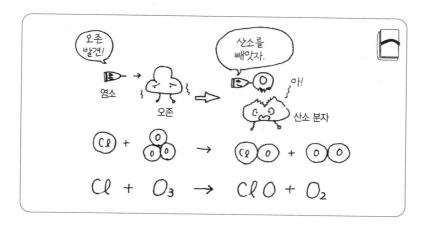

만일 반응이 여기에서 멈추었다면 오존에서 산소만 빠져나가는 현상으로 끝났겠지. 문제는 계속해서 반응이 일어난 데 있어. 일산화염소(ClO)가 가까운 곳에 떠 있는 유리산소(O)와 반응하더니 다시 본래의 모습, 그러니까 염소 원자로 돌아가 버리고 만 거야.

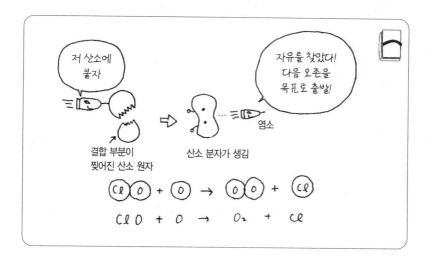

이 두 가지 반응이 꼬리에 꼬리를 물고 일어나게 되었지.

 흠…… 갑자기 어려워졌는걸.

● 중요한 내용을 간단하게 다음 두 가지로 정리할 수 있어.
첫번째, 오존이 분해되어 자외선 흡수 능력이 없는 산소가 되
는 것이고, 두 번째, 염소는 사라지지 않고 그대로 방출되어 다
음 반응의 원료가 되는 것이지.
활동성이 강해진 염소는 또 다른 오존을 찾아 분해하면서 같은
과정을 끊임없이 반복하니까 당연히 오존이 남아나지 않는 거
야. (이때 염소와 같이 반응 전후에 자신은 전혀 변화하지 않으면서
반응을 촉진시키는 물질을 '촉매' 라고 함.)

 그러니까 아주 소량의 프레온이라도 큰 피해를 불러일으
킬 수 있겠구나. 이 순환은 영원히 계속되는 거야?

● 아니, 염소가 다른 원소와 결합하면 반응은 끝나. 1개의 염소
원소가 평균 10만 개의 오존 분자를 파괴한다고 알려져 있어.

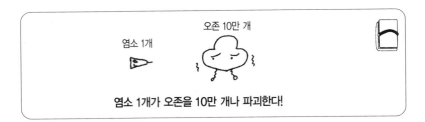

염소 1개가 오존을 10만 개나 파괴한다!

아니, 그럼 오존이 아무리 많아도 모자라겠어. 오존층은 괜찮을까?

● 실제로 1980년대에 들어서부터 오존 구멍을 관측했기 때문에 세계 각국이 이 문제에 관심을 보이기 시작했지.

 프레온은 어떻게 오존을 파괴할까?
프레온에 자외선이 닿아 분해되면서 발생한 염소가 대량의 오존을 분해시킨다.

◎ 오존층 보호를 위한 세계의 움직임

● 1987년, 세계 대부분의 나라가 '몬트리올 의정서'를 통해 오존층 파괴 물질을 단계적으로 폐기할 것을 결의했어. 우리나라는 1991년에 '오존층 보호를 위한 특정 물질의 제조 규제에 관한 법률'을 제정하여 오존층 파괴 물질의 제조와 사용량을 규제하기 시작했지.

 그럼 이젠 안심해도 되겠지?

● 지금 당장 사용을 줄인다고 해도 앞으로 얼마 동안은 오존 구

멍이 지속적으로 커질 거야.

　　UNEP(국제연합 환경계획)에 의하면 모든 나라가 규제 사항을 지킬 경우, 오존층 파괴는 2020년을 정점으로 성층권 속의 오존 파괴 물질의 농도가 2050년까지 1980년 이전 수준으로 돌아오리라고 예상하고 있어.

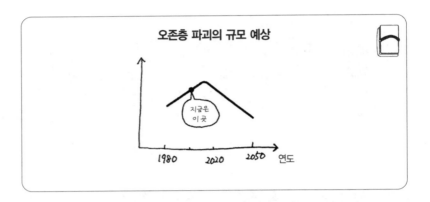

오존층 파괴의 규모 예상

지금은 이곳

1980　　2020　　2050　연도

　앞으로 오존 구멍이 더 커지고 다시 제자리로 돌아오는 데 50년이나 걸린단 말야?

● 그래. 프레온은 대기보다 무겁기 때문에 공기를 따라 순환하면서 차츰 높은 대기권 안으로 올라가거든. 게다가 오존층이 자연스럽게 회복되는 데도 시간이 걸리겠지. 다소 차이는 있겠지만 말이야.

모든 나라가 프레온가스의 배출량을 규제하고 있는 거야?

● 그 질문에 대한 대답은 절반은 '예스' 고, 절반은 '노' 야. 가장 파괴력이 강한 클로로플루오르카본의 경우에는 1995년까지 대부분의 선진국이 생산을 중지시킨 상태야. 파괴력이 비교적 적은 프레온 대체 물질로 바꾸고 있는 중이지.

하지만 아직 중국과 인도, 필리핀 등에서는 프레온의 생산량이 늘고 있는 추세야. 2009년까지는 파괴력이 강한 프레온 물질은 완전히 폐기시킬 예정이어서 선진국들은 개발도상국이 대체 물질을 개발할 수 있도록 자금을 제공해 줄 예정이야.

하지만 선진국이라 해도 아직 안심할 단계는 아니야.

? 왜 그럴까?

● 과거에 프레온가스를 이용하여 만들었던 상품을 폐기시키기 전에 프레온 자체를 없애지 않으면 그대로 대기에 확산될 테니까. 특히 자동차 에어컨이나 업무용 냉동공조기(공기 조절기)는 주의해야 할 품목이지.

우리나라의 경우, 기업들이 프레온 대체 물질을 사용하기 시작하면서 높아진 단가를 소비자들이 부담하게 되었어. 앞으로는 소비자나 기업 모두가 프레온 제품을 회수하는 데 서로 협력해야 될 거야.

어쨌든, 프레온가스 문제는 일단락된 거네. 하지만 자외선이 점점 강해질 테니 조심해야겠어.

● 그렇지. 최근에는 '오존주의보'를 발령하여 자외선의 양을 알리고 있으니까, 그걸 참고해서 외출 준비를 하면 좋을 거야. 외출할 때는 피부에 반드시 자외선 차단제를 발라야 해. 강렬한 햇빛을 장시간 쬐게 될 경우에는 아예 차양 넓은 모자를 쓰거나 긴 소매 옷을 덧입는 게 낫지.

과학의 힘으로 환경을
복원할 수 없을까?

있잖아, 지금까지 다양한 환경문제를 다루었는데, 인간이
과학의 힘으로 환경을 개선시킬 방법은 없을까?

● 안타깝게도 '그렇다' 라고 답하기는 어려울 것 같아. 하지만 다
양한 분야에서 연구와 실험이 시작되었으니까 그쪽에 기대를
걸어 봐야지.
예를 들어 다이옥신이나 프레온을 분해하는 장치는 이미 제작
이 끝난 상태라 아직 사용하지 않은 채 남아 있는 다이옥신이나
제품의 형태로 회수한 프레온을 분해시키는 데 사용되고 있지.

온난화는 나아지지 않을까?

● 온난화의 주된 원인은 주로 대기 중에 떠다니는 이산화탄소야.
그러니까 이산화탄소를 줄이기 위해 최선을 다해야지.
특히 광합성으로 이산화탄소를 흡수하는 식물이 많아지려면
숲을 늘리는 일이 가장 중요해. 단, 그것을 이유로 생태계를 파
괴해서는 안 돼. 무엇보다도 대량의 이산화탄소를 고정시킬 방
법을 연구해야지.

고정시킨다니, 무슨 뜻이야?

● 이산화탄소를 모아서 어딘가 매장시키는 거야. 그 방법으로는 다음 세 가지가 가장 일반적이지.

- 심해나 땅속 깊이 묻는 방법.
- 수소와 반응시켜 메탄이나 메탄올로 재활용하는 방법.
- 인공적인 힘으로 광합성을 활성화시켜 산소와 물로 변환시키는 방법.

 뭐라고? 땅속에 묻으면 주변 환경에 영향을 끼치지 않을까?

● 그렇지. 아무리 깊게 묻는다고 해도 대량의 이산화탄소가 한 곳에 집중되면 동식물에 악영향을 미칠 거야. 그만큼 신중하게 결정할 문제지.

◎ '지속가능'의 힘을 위하여

● 그런데 만일 이산화탄소를 줄이는 기술을 개발했다고 해도 배출되고 있는 양 자체를 줄이지 않으면 소용없겠지?

맞아, 인간의 편리한 생활을 위해 이산화탄소를 너무 많이 배출하는 게 문제야.

● 인간의 실수는 이산화탄소뿐만이 아니야. 엄청난 쓰레기와 오염된 공기, 더러운 물…….

 자연은 인간들 때문에 지금까지 더럽혀지며 희생만 한 거잖아?

● 그렇지. 그리고 그 영향력은 결국 인간의 존재마저 위협하기에 이르렀어.
이제부터는 '지속가능'의 힘을 키우기 위해 최선을 다해야 해.

 '지속가능'이 뭔데?

● 환경의 악순환을 최소화시켜 몇 백 년, 아니 몇 천 년이 지나도 지속될 수 있는 사회구조를 말해.

 어쩐지 어려울 것 같은 느낌이 드는데…….

● 아니, 어렵지 않아. 단순히 다람이 네가 살고 있는 숲의 생명력을 인간이 본받으면 된다고.

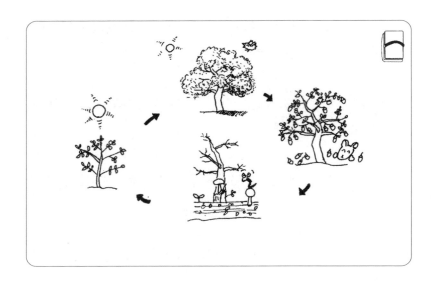

네가 좋아하는 도토리나무 숲은 태양으로부터 에너지를 얻어
무성하게 잎을 달았다가 가을에는 낙엽을 떨어뜨리지. 그 낙엽
들은 땅을 비옥하게 하고 그것을 영양분으로 하여 나무는 뿌리
가 튼튼해지고 키도 쑥쑥 크는 거야. 말하자면 자연의 힘에 의
해 에너지가 순환되고 폐기되는 셈이지.

도토리나무는 환경의 일원으로서 살아가면서도 몇 천 년 동안
그 생명력을 이어갈 수 있는 힘을 갖고 있는 거야. 인간이 배울
점이 많아.

도토리나무의 생명력을 인간이 배운다니…… 상상이 안
되는데, 구체적으로 어떤 것을 배워야 되지?

● 우선 인간의 활동을 지탱하고 있는 에너지의 근원을 이산화탄
소나 유독가스를 배출시키는 화석연료로부터 얻을 것이 아니
라, 환경에 피해를 주지 않는 새로운 에너지를 개발해야지. 동
시에 지금까지 쓰레기로 버려진 것을 자원으로 재활용하는 계
획도 중요해.

지금은 에너지 소비를 통해 만들어지는 제품(플라스틱, 가구, 종
이, 전자제품 등)을 일정 기간이 지나면 그대로 버리고 있지만,
사실 이것은 에너지를 버리는 것과 마찬가지거든.

결국 인간의 궁극적인 목표는 쓰레기를 100퍼센트 완전히 에
너지로 전환시키는 일이겠지.

이것을 '제로 에미션(Zero Emission)' 이라고 해.

이미 이 계획을 실현시키기 위한 과학기술의 도전은 시작되고
있어. 지금 주목받고 있는 중요한 연구를 정리하면 다음 네 가
지를 들 수 있어.

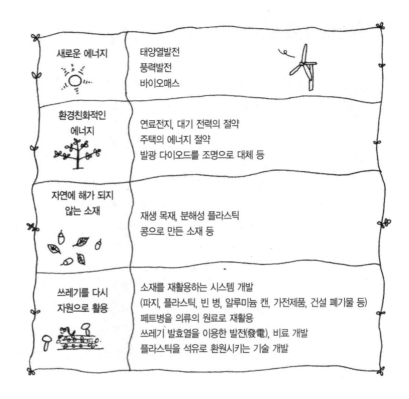

새로운 에너지	태양열발전 풍력발전 바이오매스
환경친화적인 에너지	연료전지, 대기 전력의 절약 주택의 에너지 절약 발광 다이오드를 조명으로 대체 등
자연에 해가 되지 않는 소재	재생 목재, 분해성 플라스틱 콩으로 만든 소재 등
쓰레기를 다시 자원으로 활용	소재를 재활용하는 시스템 개발 (파지, 플라스틱, 빈 병, 알루미늄 캔, 가전제품, 건설 폐기물 등) 페트병을 의류의 원료로 재활용 쓰레기 발효열을 이용한 발전(發電), 비료 개발 플라스틱을 석유로 환원시키는 기술 개발

◎ 환경을 살리는 신기술

 그런데 바이오매스가 뭐야?

● 쓰레기나 가축의 분뇨, 하수, 쓰레기를 자원으로 되돌리는 기술이야. 미생물을 이용하여 발효시키면 메탄가스가 발생해.

하지만 석유, 석탄을 이용한 화력발전에 비해 메탄은 이산화탄소 배출량이 60퍼센트 수준이야. 그 메탄가스를 화력발전의 원료로 사용하거나 메탄가스에서 수소를 추출하여 전지로 개발하고 있어.

바이오매스를 발효시킬 때 나오는 열을 이용하는 아이디어도 활발하게 연구 중이야.

바이오매스에너지란?

쓰레기나 가축의 분뇨, 하수도 오염 물질 등을 발효시켜 친환경 에너지인 메탄가스를 얻거나 발효할 때 나오는 열을 에너지로 이용하는 것을 말한다.

단, 메탄가스는 이산화탄소의 23배나 강한 온실효과 기체이니까 대기 중에 흘려보내지 않도록 각별히 주의해야겠지.

그럼 연료전지란 건 뭐야? 그러고 보니 요즘 자주 들었던 것 같은데.

● 흔히 '전지'라고 하면 전기를 모아둔 것을 떠올리기 쉬운데, 연료전지는 그 자체가 에너지를 일으키는 발전소의 역할을 한다고 생각하면 돼. 깨끗한 에너지이기 때문에 가까운 미래에 연료전지를 이용한 자동차도 나오게 될 거야.

그럼 어떻게 전기에너지를 발생시키는지 설명해 볼게.

우선 수소(H_2)를 연료극에 부딪히면 극 안에서 두 개의 전자(e^-,

e⁻)와 두 개의 수소이온(H⁺, H⁺)으로 나누어지게 돼. 전자(e⁻)는 그림처럼 전극을 향해 흘러가고, 수소이온은 전해질을 통해 공기극을 향하지.

여기에서 '전해질'이란 이온이 떠다니면서 전기를 통하게 하는 물질을 말하는 거야.

공기극에는 산소(O_2)가 기다리고 있다가 두 개의 전자(e⁻, e⁻)와 두 개의 수소이온(H⁺, H⁺), 그리고 한 개의 산소($1/2\ O_2$)가 만나 물(H_2O)로 변하는 거야.

즉, 수소이온이 산소와 만나 물이 되기까지 전기가 다른 경로를 통해 흘러가는 것이라고 할 수 있지.

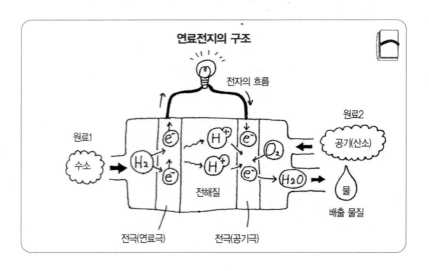

 연료전지는 자동차 이외에 어떤 곳에 쓰이고 있어?

- 폐열을 이용하려면 사용하는 곳마다 작은 연료전지를 놓아두는 것이 효율적이겠지. 따라서 가정이나 병원마다 연료전지를 설치하여 사용하게 되지 않을까? 실용화 단계까지는 아직 시간이 걸리겠지만 매우 기대되는 연구야.

 생분해성 플라스틱에 대해서도 설명해 줘.

- 일반 플라스틱과는 달리, 사용 후 땅속에서 미생물에 의해 분해되는 플라스틱을 말해.

  만일 모든 플라스틱 제품이 생분해성 플라스틱으로 만들어진다면 태울 때 다이옥신이나, 땅에 묻었을 때 환경호르몬을 배출할 걱정도 없지. 바이오매스로서 활용할 가능성도 있어.

  예를 들어 최근 '옥수수 전분으로 만든 노트북 컴퓨터'가 화제를 불러일으키기도 했어. 이 대목에서 가장 주목받는 생분해성 플라스틱은 '폴리유산'이라는 물질이야. 이것은 투명하고 딱딱한 페트병의 성질을 그대로 가지면서 땅속에서는 미생물의 먹이 구실도 하지.

◎ 재활용에 앞장서자

 재활용이라면 지금도 하고 있잖아?

● 그래. 지금도 재활용을 강화하기 위한 새로운 법률의 제정이나 다양한 운동이 벌어지고 있지. 재활용에 필요한 비용을 줄이려는 노력이 무엇보다 중요시되고 있어.

가장 대표적인 예로 2003년부터 시행된 '생산자책임 재활용제도(EPR)'를 들 수 있지. 이것은 소비자가 TV와 냉장고를 비롯한 가전제품과 타이어, 윤활유 등의 자동차 용품, 그리고 각종 포장재를 폐기할 때 제조업체가 다시 회수해 가는 제도야. 수집한 후에는 손으로 일일이 분해하고 재사용할 부품을 가려내기 때문에 노력은 물론 비용도 만만치 않지.

앞으로는 상품 개발 단계에서부터 적은 비용으로 재활용할 수 있는 데까지 신경쓰게 될 거야.

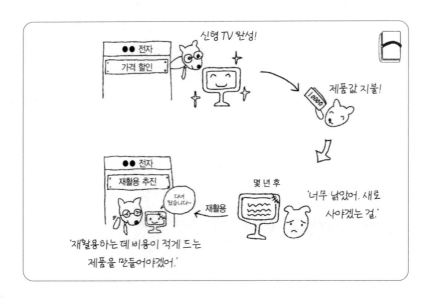

또한 악덕업자들에 의해 끊임없이 버려지고 있는 건축폐기물에 대해서는 분리·재생을 위한 제도가 시행되고 있고, 음식쓰레기를 줄이기 위해 식품 가공 업체에 분리 부담금을 물리거나 남은 음식을 처리하기 위해 푸드뱅크를 활성화시키는 등의 활동을 벌이고 있지.

재활용에도 기술이 필요하다

도시에 사는 우리들에게는 먼 이야기처럼 들리지만, 가정에서 버려지는 쓰레기를 활용하는 것이 우리나라에도 정착되어 있다.

사방 25미터 정도 넓이의 땅만 있으면 가정에서 배출되는 음식쓰레기를 이용해 유기농 야채를 길러 먹을 수 있다.

쓰레기를 발효시키기 위해서는 밑바닥이 없는 용기에 쓰레기를 차곡차곡 쌓아 밀폐시킨 후, 그대로 1년간 방치한다. 그 사이 쓰레기는 숙성되면서 유기비료로 바뀌기 시작한다. 이것은 미생물을 가득 함유하고 있는 질 높은 비료가 된다.

또한 타고 남은 나무의 재는 토지의 산성화를 막는 역할을 한다. 이런 유기비료는 땅을 비옥하게 만들 뿐 아니라 식물의 뿌리를 튼튼하게 해 준다.

하지만 안타깝게도 이런 생활이 도시에서는 거의 불가능하다. 도시의 편리함을 포기하지 않고도 생명력 있는 삶을 누릴 수 있는 방법은 없는 것일까. 환경기술이 아무리 발달한다고 해도 '귀찮고 성가신' 환경보존 활동의 특성은 영원히 사라지지 않을 것이다.

3장

생명과학의
현주소

부모로부터 전해지는 것들

'내 꼬리털 좀 봐. 뻣뻣하고 색깔도 진해서 꽤 남자다워 보이지? 아람이의 꼬리털은 정말 부드러워. 태어날 때부터 남자와 여자는 많이 다른가 봐. 만약 우리가 결혼한다면…….
후후후. 나를 닮은 아들과 아람이를 닮은 딸이 나오겠지?'

● 아까부터 왜 그렇게 히죽거리는 거야? 그러다가 나뭇가지에서 떨어지겠어.

그, 그게…… 나하고 너하고 결혼하면 어떤 아이가 태어날까 상상하고 있었어.

● 결혼? 너무 앞서가는 거 아냐?

하지만 널 볼 때마다 저절로 그런 상상을 하게 되는 걸 어떡해. 우리 두 사람의 장점만 닮아 태어난 아기라…… 얼마나 귀엽겠어?

● 날 닮았다면 귀여운 건 당연하지. 이제 슬슬 '유전'에 대해 이야기할 때가 된 것 같군.

유전이라면 핏줄을 말하는 건가? 어렸을 때부터 아빠에게 많이 들었던 이야기야. "넌 토종 다람쥐의 피를 이어받은 녀석이야"라고 하셨거든. 두 가지 모두 같은 뜻 아냐?

● 그런 셈이지. 하지만 피를 이어받았다는 진짜 의미가 무엇인지 알고 있어?

음…… 글쎄, 그렇게 깊이 생각해 보지는 않았는데.

● 부모와 자식, 혹은 형제끼리 '같은 핏줄'이라고 생각하는 것은 '얼굴이나 목소리, 체형 등의 성질'이 남들에 비해 많이 닮았기 때문이야.

흠……, 그러고 보니 내 등에 난 뻣뻣한 털은 아빠와 똑같고, 기다란 속눈썹은 엄마를 닮은 것 같아.

● 누구나 어느 한 군데는 닮은 구석이 있게 마련이지. 그런데 말이야, 어째서 그렇게 닮게 태어날 수 있는 걸까?

부모 자식이니까…… 글쎄, 확실하게 대답하기는 어렵군.

● 이야기는 지금으로부터 약 150년 전, 생물학자이자 신부였던 멘델이라는 사람의 추리에서 시작돼.

그는 얼굴이나 목소리, 체형, 성격 등을 자식에게 물려주기 위한 '원자 단위의 무언가'가 우리 몸속에 존재한다고 믿었어. 그것 때문에 부모의 특징이 자식에게 이어진다고 생각했던 거지.

 와! 부모와 자식이 닮은 것을 신의 판단 때문이 아니라 또 다른 무언가에 의해 정해진다고 생각하다니, 당시로서는 대단한 발상인걸?

● 정말 그래. 어쩌면 그러한 생각이 과학의 출발인지도 몰라. 어쨌든, '그 무엇'에게 우리는 '유전자'라는 이름을 붙였어.

 유전자란?

부모가 자식에게 성질이나 특징을 전달하는 작용을 하는 원자 단위의 물질. 확실한 정체를 밝히지 못한 채 유전자라는 이름을 붙였다.

● 그 후 유전자의 정체를 밝히는 데는 많은 시간과 노력이 필요했어. 최근 들어 그 정체가 확실하게 밝혀지면서 부모의 성질뿐만 아니라 '생명의 설계도'도 함께 전해진다는 사실을 알게 되었어. 그 덕분에 오늘날의 유전자 연구는 상상할 수 없을 만큼 큰 발전을 이룬 거야.

이쯤에서 유전자의 정체가 밝혀진 경위를 간단하게 되짚어볼까? 그보다 '유전자의 구조'가 미래 사회에 어떤 영향을 줄지 궁금한 사람들은 '오더메이드 치료란 무엇인가?' 편으로 바로 넘어가도 괜찮아.

◎ 유전자의 문제아 - 염색체

● 유전자가 자식에게 전해지는 것이라면 유전자 알맹이는 부모나 자식 모두의 몸속에 똑같이 존재하겠지. 자식이 성장하기 전, 그러니까 수정란이었을 때부터 말이야.
생물학자들이 수정란을 통해 유전자를 연구했을 때 가장 먼저 밝혀낸 것이 바로 염색체였어.

 염색체가 뭐지?

● 대부분의 동물이나 식물은 세포라는 캡슐이 모여 만들어졌다는 사실을 이미 알고 있겠지?
생물의 몸을 구성하고 있는 기본 단위는 세포이고, 그 세포의 중심에는 '세포핵'이라 불리는 구슬 모양의 물질이 들어 있어. 그 세포핵 안을 현미경으로 들여다보면 가느다란 붉은색의 실 몇 가닥이 나타나는데, 그게 바로 염색체야. 인간은 모두 46개의 염색체를 가지고 있지.

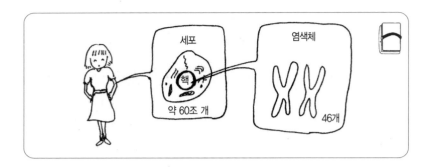

 염색체란?

세포핵 속에 붉은색 실 모양으로 나타나는 것, 정체 불명의 이 물질을 염
색체라고 부른다.

 붉은색으로 물들어 있어서 염색체라고 했구나. 하지만 어
째서 이것이 유전자와 상관 있다고 생각했을까?

● 그 세포가 분열하기 전에 염색체는 미리 2개로 분리되어 같은
모양으로 나누어지게 돼.(1단계)

그리고 세포분열이 시작되면 먼저 준비해 두었던 2개의 염색
체를 새로 만들어진 세포의 염색체에게 나누어 주지.(2단계)

마지막으로 새로 만들어진 2개의 세포는 본래 세포와 똑같은
방식으로 성장하는 거야.(3단계)

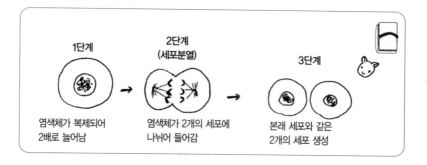

1단계	2단계 (세포분열)	3단계
염색체가 복제되어 2배로 늘어남	염색체가 2개의 세포에 나뉘어 들어감	본래 세포와 같은 2개의 세포 생성

● 과학자들은 바로 이러한 변화를 보고 '유전자가 염색체와 관련 있는 것이 아닐까?' 하고 추리했던 거지.

 왜?

● 염색체가 미리 2개로 나뉘어 있었던 것은 우선 염색체 속에 들어 있는 정보를 복제하기 위해서라고 생각한 것이지. 말하자면, 염색체가 유전자 정보를 그대로 옮기기 위해 그렇게 나누어졌다는 거야.

그리고 암컷과 수컷으로 나뉘어 있는 생물들은 새끼를 만들 때 엄마 몸속에 있는 난자와 아빠에게서 나온 정자가 합체(수정)해야 해. 난자와 정자에는 각각 염색체가 들어 있는데, 덕분에 자식들은 고스란히 그 안의 정보를 물려받을 수 있지. 대부분의 사람들이 '염색체=유전자'라고 생각하는 이유도 그 때문이야.

 아, 나도 그렇게 생각했어.

● 그래서 유전자의 시작인 염색체에 대해 여러 가지 실험이 이루어진 거야. 이 과정에서 노벨상 수상자도 여럿 나왔어.

 ? 결국 염색체가 유전자였다는 사실이 밝혀졌구나?

● 그래. 1952년에 한 실험을 통해 염색체의 어떤 성분이 유전자의 정체라는 사실이 확실히 밝혀졌어.

 ? 염색체의 '어떤 성분' 이란 게 대체 뭐야?

● 앞으로 자세히 설명하겠지만, 염색체 안에 존재하는 디옥시리보핵산(Deoxyribo nucleic acid)의 앞 글자를 딴, 우리가 흔히 DNA라고 부르는 물질이야.

◎ DNA란?

● 다음 해인 1953년에는 제임스 왓슨과 프랜시스 크릭이라는 두 명의 생물학자가 X선을 이용한 특수 사진을 통해 DNA의 입체적인 구조를 분자 수준으로 밝혀냈어.

 ? '분자 수준' 이라고?

● 앞에서 '생물의 몸은 세포 덩어리'라고 말한 적 있지? 단순한 원자가 모여 만들어진 것이 분자잖아. DNA도 '핵산'이라는 그물 형태의 분자라는 사실을 알게 되었으니까 전보다 DNA의 작용에 대해 더욱 자세하게 연구할 수 있게 되었다는 의미야. X선 사진으로 알게 된 DNA의 구조는 DNA가 유전자라는 사실과 동시에 기능적인 아름다움을 갖추고 있음을 보여 주었지.

 어떤 구조였는데?

● DNA의 중요한 기능은 세 가지야. 유전 정보를 암호화하여 보존하는 것, 유전 정보를 복제하는 것, 그리고 오래된 세포를 새로운 것으로 바꾸거나 부모로부터 자식에게 정보를 전달하는 것이지.

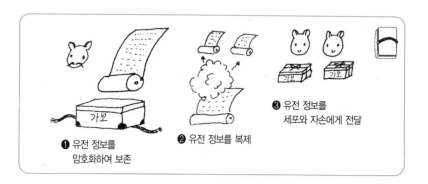

❶ 유전 정보를 암호화하여 보존

❷ 유전 정보를 복제

❸ 유전 정보를 세포와 자손에게 전달

● 자, 이제 DNA가 실제로 어떤 모양을 하고 있는지 보도록 할까? 앞으로 나노 미터(10억분의 1미터)의, 아주 작은 세계가 펼쳐질

테니 기대하라구.

◎ DNA의 나선형 구조는 무엇을 의미할까?

● 자, 이제 『톰소여의 모험』에 나오는 줄사다리를 떠올려 봐. 양쪽 옆 부분은 밧줄로 되어 있고, 밟는 부분은 나무로 만들어진 사다리 말이야.

 음…… 이런 거 말이지?

● 맞아. 끝이 보이지 않을 만큼 긴 줄사다리가 꽈배기처럼 뒤틀려 있다고 상상해 봐.

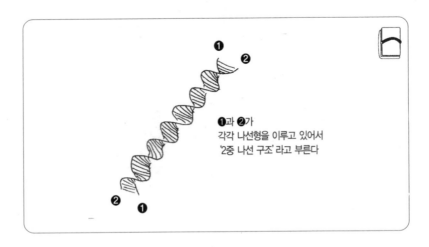

❶과 ❷가
각각 나선형을 이루고 있어서
'2중 나선 구조'라고 부른다

● DNA의 구조는 126쪽의 그림과 같은 형태를 이루고 있어. 2개의 축이 나선형을 그리고 있어서 '2중 나선 구조' 라는 이름을 얻었지.

좀더 가까이에서 DNA가 어떤 분자로 만들어졌는지 살펴볼까? 이제부터는 이야기가 조금 어려워지니까 부담스러운 사람은 페이지를 건너뛰어 'DNA가 유전자인 이유는?' 부터 읽어도 좋아.

◎ DNA는 구슬 장식?

● 조금 더 가까이에서 보면 DNA의 분자 입자를 볼 수 있어. 마치 구슬 알갱이가 와이어로 연결되어 있는 액세서리와 같은 모습을 하고 있지.

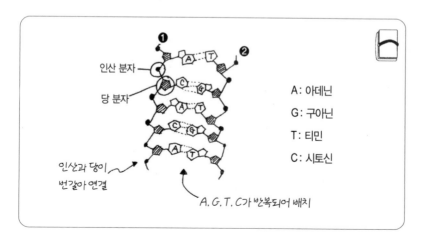

인산 분자

당 분자

A: 아데닌
G: 구아닌
T: 티민
C: 시토신

인산과 당이
번갈아 연결

A, G, T, C가 반복되어 배치

● 좌우의 밧줄 부분은 인산 분자와 당 분자가 교대로 연결되어 있는 것이 보이지? 그리고 계단 역할을 하는 가로대는 유전적인 암호가 들어 있어 매우 중요한 곳이야.

여기에는 네 가지의 화학 물질, 즉 아데닌, 구아닌, 티민, 시토신이 반복해서 배치되어 있어.

 너무 어렵네. 처음 들어 보는 이름이기도 하고…….

● 물론 이들의 이름은 사람들이 마음대로 붙인 것이지만 그 실체는 C(탄소)와 N(질소), O(산소), H(수소)라는 매우 기본적인 원자로 되어 있어.

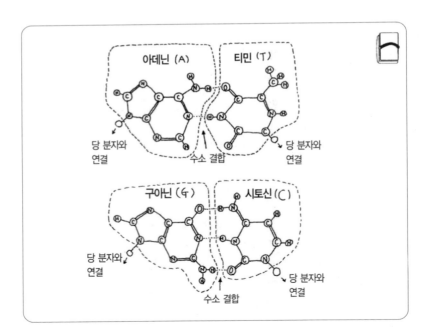

128쪽의 그림에서 볼 수 있듯이 아데닌과 구아닌은 6각형과 5 각형이 붙은 모양을 하고 있고 티민과 시토신은 모두 6각형이 지. 이 네 가지 물질은 DNA 안에서 유일하게 염기성(산성의 반 대)을 띤 화학 물질이라 이것들을 모두 합해서 염기라고 부르기 도 해.

DNA의 염기란?
DNA 사다리의 계단 부분에는 아데닌, 구아닌, 티민, 시토신이라는 네 가 지 물질이 있다. 이들을 가리켜 염기라고 부른다.

● 염기 부분은 아래 그림과 같이 왼쪽 밧줄에 염기가 하나씩 가 지처럼 뻗어 있어. 그리고 바로 가까이 대칭된 형태로 또 하나 의 염기가 이어져 있지.
그러니까 맨처음 밝혀진 형태에서 첫 번째 계단으로 나타난 부 분은 사실 2개로 갈라진 구조인 셈이지.

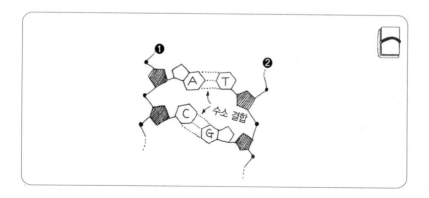

흠…… 앞에서 DNA는 구슬 액세서리와 비슷한 모양이라고 했는데, 이 부분은 와이어로 연결되어 있지 않은 모양이지?

● 그런 셈이지. 이 부분만은 와이어의 강력한 결합력이 없어서 가끔씩 떨어져 나오기도 해. 목걸이의 붙였다 떼었다 할 수 있는 연결 부분과 비슷하지. 화학 용어로는 '수소 결합'이라고 부르는데, 매우 약한 결합이라고 볼 수 있어. 게다가 좌우대칭되는 구조에는 반드시 아데닌 + 티민, 구아닌 + 시토신이 배치되어 있어. 이것은 화학 물질의 입체적 형태가 안정되기 위한 조건이기도 해. 즉, 아데닌 - 티민, 구아닌 - 시토신, 티민 - 아데닌, 시토신 - 구아닌과 같은 식으로 배치 방법은 네 가지밖에 존재하지 않아. 이처럼 대칭을 이루고 있는 염기를 '염기대'라고 부르고 있어.

 오호라, 아데닌에는 반드시 티민이 붙어야 하고, 구아닌에는 반드시 시토신이 연결되어 있어야 한다는 거지? 마치 천생연분 커플처럼…….

● 멋진 비유야. 결국 DNA는 아데닌 - 티민, 구아닌 - 시토신의 두 쌍이 길게 연결되어 있는 형태라는 거지.

 커플들의 긴 행렬인 셈이군.

● 음, 글쎄. 잘 와닿지 않는 비유지만……. 어쨌든, 아데닌과 구아닌, 티민, 시토신을 그대로 사용하면 조금 번거로우니까 각각 기호만 따서 A, G, T, C 로 부르고 있어. 이 책에서도 앞으로는 위의 기호대로 표기할게.

자, 지금까지 설명한 내용을 그림으로 나타내면 이런 식이 될 거야.

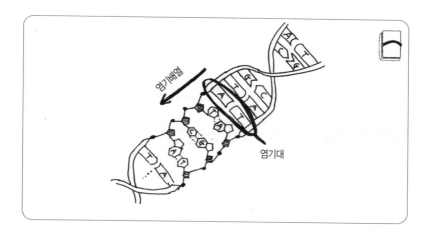

● 그런데 여기서 조금 발상을 달리해 보는 것은 어떨까?

염기로 이루어진 쌍에서 벗어나 세로 방향으로 나열되어 있는 염기들을 주목하는 거야. 이것을 '염기배열'이라고 하는데, 만일 한쪽 염기배열의 순서가 'TCA……'로 이루어져 있다면 다른 한쪽은 어떻게 나열되어 있을 것 같아?

 응? 어떻게 나열되다니?

● 벌써 잊은 건 아니겠지? 염기대는 반드시 A에는 T, G에는 C, T
에는 A, C에는 G와 같은 식으로 정해져 있었잖아. 그러니까 다
른 한쪽은 보나마나 'AGT……' 로 정해질 수밖에 없는 거야.

그러니까 한쪽의 염기배열이 정해지면 다른 한쪽의 염기배열
도 동시에 정해진다는 뜻이지. 다시 한 번 앞의 그림을 보면 좀
더 이해하기 쉬울걸.

왓슨과 크릭이 발견한 DNA의 구조는 본래 이런 형태로 만들
어져 있었던 거야.

◎ DNA가 유전자인 이유는?

DNA의 구조는 이제 알겠는데 말이야. 이것이 유전자의
정체라는 것은 납득이 되지 않아.

● 좋은 질문이야. 유전자는 '개체의 성질이나 특징' 등의 정보를
부모로부터 자식에게 전달하는 물질이라고 했지?

그렇다면 최소한 다음 세 가지 기능을 제대로 해내지 못하면
유전자라고 할 수 없겠지.

1. 유전 정보를 보존하고 있다.
2. 유전 정보를 복제한다.
3. 복제한 정보를 새로운 세포, 혹은 자식에게 전달한다.

그 중에서 두 가지는 지금 소개했던 DNA의 구조로 충분히 설명할 수 있어.

우선, 유전 정보를 어떻게 복제할 수 있는지부터 설명해 볼까?

◎ DNA는 어떻게 자신을 복제할 수 있을까?

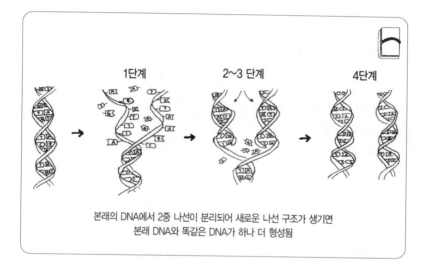

본래의 DNA에서 2중 나선이 분리되어 새로운 나선 구조가 생기면
본래 DNA와 똑같은 DNA가 하나 더 형성됨

● 앞에서도 잠깐 이야기한 적이 있는 것 같은데, 2중 나선 구조의 가운데 부분은 결합력이 약한 편이라 가끔씩 떨어져 나가기도 해. DNA가 자신을 복제하기 직전에는 2중 나선의 중앙 결합 부분이 갈라지면서 2중 나선 구조가 풀리게 되어 있어.

1단계

지금 2중 나선 구조가 해체된다고 하자. 그런데 가까이에 DNA의 원료인 염기, 당, 인산이 떠다니고 있다면 과연 무슨 일이 일어날까?

예상했겠지만 한쪽의 염기배열에 맞추어 다른 한쪽의 염기배열도 자동적으로 만들어지겠지? 본래 2중 나선 구조가 아니면 형태를 유지할 수 없으니까 분리되는 그 순간에 새로운 2중 나선 구조를 만들려고 하는 거지.

2단계

따라서 분리된 면에 어떤 염기가 필요한가에 따라 염기배열은 달라질 수 있어. 기본적으로 A에는 T, G에는 C, T에는 A, C에는 G로 염기대를 이루겠지.

3단계

그렇게 해서 새로운 염기배열이 생기는 거야.

4단계

결국 완전히 똑같은 2중 나선 구조가 2개 만들어지지.

◎ 유전자 정보

 오호라, 알겠다. 그러니까 1개의 2중 나선 구조가 2개로
복제된다는 거지?

● 맞아. 자, 이제 다음으로는 DNA가 유전 정보를 어떻게 보존할
수 있는지 살펴보도록 하자.
간단히 말해서 복제된 염기배열, 즉 DNA를 구성하고 있는 네
가지의 염기배열 자체가 유전 정보라고 생각하면 돼.

◎ DNA와 염색체의 관계

 DNA는 염색체의 주성분이라고 했지? 그럼, DNA는 염
색체 어디에 들어 있는 거야 ?

● DNA 뭉치가 바로 염색체라고 생각하면 돼. 이해가 잘 되지 않
는다면 136쪽의 그림을 봐.

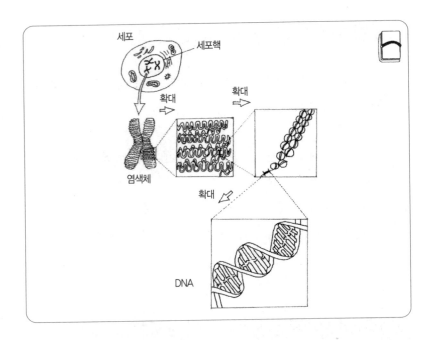

세포

세포핵

확대

확대

염색체

확대

DNA

● 염색체는 언뜻 보기에는 한 가닥의 굵은 실처럼 보이지만 사실 많은 양의 DNA를 담기 위해 코일처럼 감겨 있다는 걸 알 수 있어.

와, 정말 그 속은 굉장히 복잡하네.

● 그렇지? 직경 10미크론(0.01밀리미터)에 불과한 세포핵 속에 이런 것들이 들어 있다니, 정말 놀랍지?
사람의 경우, 염색체의 수가 46개나 되는데, 이 염색체들을 다시 DNA로 만들어진 실로 길게 풀어내면 그 길이가 자그마치 2미터나 된다고 해.

이것은 DNA가 눈에 보이는 0.1밀리미터 굵기의 가느다란 실이라고 했을 때, 직경 1미터의 구슬 안에 200킬로미터의 섬유가 들어 있는 것과 같은 양이야. 정말 대단한 길이지.

그럼, 이 안에 들어 있는 염기대는 몇 개나 될 것 같아?

 글쎄…… 상상조차 힘든데.

● 사람이 가진 46개의 염색체에 들어 있는 염기대의 수는 30억 개나 돼. DNA는 ATGCCACTGATGCACGTAACCTTGA……와 같은 순서로 30억 개가 이어지는 거야.

그리고 나중에 다시 설명하겠지만 모든 염기대 1세트가 바로 '생명의 설계도' 라 일컬어지는 '게놈' 이야.

 게놈의 의미?

염색체의 정체인 DNA의 모든 염기대(인간의 경우 30억 개)를 1세트로 하여 이것을 게놈이라 부른다. 우리 몸을 만들기 위한 모든 정보가 들어 있기 때문에 '생명의 설계도' 라고도 불린다.

◎ 유전자 정보에는 무엇이 기록되어 있을까?

 지금까지 유전에 대해 이야기했는데, 그럼 유전자 안에는 우리 몸의 모든 정보가 들어 있는 건가?

● 유전자는 '개체의 특징을 전달하는 물질'이라고 했었지?
  사실은 그 특징뿐만 아니라 우리 몸 전체를 이루는 설계도가
  들어 있어. 최근에 밝혀진 사실이지만 DNA는 몸속에서 '이런
  단백질을 만들어라' 하고 명령을 내린다는 거야.

◎ 단백질이란?

 응? 유전자 얘기를 하다 말고 갑자기 단백질이라니, 무슨
뜻인지 잘 모르겠는 걸…….

● 앞으로 자세하게 설명할 테니까 너무 걱정하지 않아도 돼. 그
  럼 유전자 이야기는 잠시 접어 두고 단백질에 대해 설명해 볼
  까?
  우리 몸속에는 다양한 장기와 근육이 있어. 또 머리카락, 피부,
  손톱도 있지. 모양은 다르지만 이것들은 모두 단백질로 이루어
  져 있어.
  사실 우리 몸에서 물을 제외하면 세포를 구성하는 가장 기본적
  인 물질은 단백질이야. 따라서 우리 몸은 단백질 덩어리라고
  해도 과언이 아니지.

○··· 단백질

몸속의 세포는
단백질로 구성됨

● 단백질은 체내의 화학 반응을 촉진시키거나, 호르몬을 받아들이고, 근육과 장기를 이루기도 해. 어쨌든 다양한 일을 하는 물질이지.

엉? 그렇게 많은 역할을 1개의 단백질이 모두 해낸다는 거야?

● 아니, 단백질이라는 것은 비슷한 특징을 가진 물질의 총칭이야. 종류는 헤아릴 수 없을 정도로 많지.
공통점이라면 '스무 가지의 기본적인 분자'가 수십에서 수천 개 연결되어 있다는 정도? 이 특징을 가진 물질을 '아미노산'이라고도 불러. 즉, 단백질은 수없이 많은 아미노산이 연결되어 만들어지는 거야. 쉽게 말해 동물의 몸은 아미노산이라는 여러 개의 부품이 합쳐져 구성된 하나의 단백질 덩어리라는 거지.

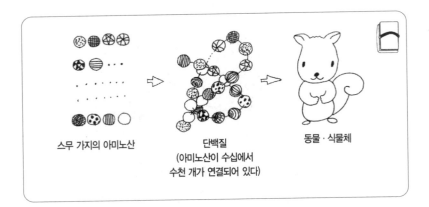

스무 가지의 아미노산   단백질   동물·식물체
(아미노산이 수십에서
수천 개가 연결되어 있다)

 단백질이란?

단백질은 우리 몸에서 물 다음으로 비중이 높다. 장기나 근육, 효소, 호르
몬의 리셉터 등은 단백질로 만들어져 있다.

단백질은 스무 가지의 아미노산이 수십에서 수천 개 연결되어 입체 구조
를 이루고 있다.

◎ 다나카 고이치의 노벨 화학상 수상

● 2002년 노벨 화학상에는 '단백질의 구조 해석법'을 개발한 일
  본인 다나카 고이치(田中耕一)가 선정되었어.

  다나카는 '단백질 분자의 질량과 아미노산의 배열'을 정밀하
  게 측정할 수 있는 '소프트레이저 탈착법'이라는 방법을 개발
  하여 그 공로를 인정받았던 거야.

단백질을 측정하는 일이 그렇게 중요한거야?

● 우리 몸속에 들어 있는 단백질은 하나하나가 마치 작은 로봇처럼 일사불란하게 움직이면서 서로 다른 생체 물질과 관계를 맺고 있어. 물론 중요한 화학 반응을 일으키면서 말이야.

따라서 무수한 단백질의 입체 구조를 해석하고 그 하나하나가 어떤 기능을 하는지, 그리고 반응을 일으키게 만드는 구조는 어떤 것인지를 알게 된다면 인간의 신체 활동을 정확하게 읽어낼 수 있어.

그러면 새로운 약을 개발하거나 암을 초기에 잡아내는 데 매우 유용한 정보로 활용할 수 있을 거야.

더욱이 DNA의 염기배열과 단백질의 관계를 안다면 DNA가 무엇을 위해 어떤 단백질을 만들어 내는지 알 수 있으니까 '생명의 설계도'를 해석하는 데도 도움이 되겠지.

앞으로 인간의 생활 과학과 의료 분야, 바이오 기술의 발전은 모두 단백질 구조를 분석하지 않고서는 불가능할 거야.

◎ 암호문을 해석하라!

● 자, 이제 DNA 이야기로 다시 돌아가 볼까?

앞에서 DNA가 '단백질을 만들기 위한 명령문'이라고 설명했었지? 좀더 자세하게 말하면 DNA는 단백질을 생산하기 위해 아미노산의 순서를 정하는 명령을 직접 내리고 있어.

 흐음, 그렇구나. 우리 몸은 단백질로 만들어져 있고, 그 단백질은 아미노산이라는 부품이 여러 개 모여 이루어졌다고 했지? 그럼 DNA가 부품(아미노산)을 연결하는 방법을 알려 주니까 결과적으로는 필요한 단백질을 스스로 만들어 낼 수 있게 되겠군?

● 그렇지. 그것도 단지 네 가지 문자 즉, A, T, G, C의 염기를 이용하여 아미노산의 순서를 정하고 있어.

 겨우 네 가지 문자로 암호를 만드는 셈이네?

● 단순해 보이지만 아미노산의 순서를 지시하는 데는 충분해. 네 가지 종류의 염기로도 'ATG, CTA, CGT, AAG……' 와 같이 세 가지 문자로 구성된 명령문을 만들어 낼 수 있거든.
예를 들어 'GAA' 는 '글루타민산을 연결하라' 라는 뜻이고, 'GAT' 는 '아스파라긴산을 연결하라' 라는 뜻이야.

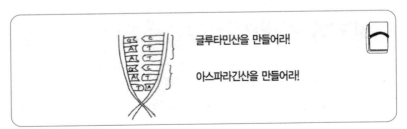

글루타민산을 만들어라!

아스파라긴산을 만들어라!

● 이처럼 세 가지 종류의 염기가 1세트를 이루어 하나의 명령어를 만들어 내면서 연결해야 할 아미노산의 종류를 지정하고 있는 거야.

DNA의 암호구조

AGT, CTA, CGT, AAG…… 등 세 가지 염기가 하나의 명령문을 나타낸다. 즉 '○○아미노산을 그 다음에 연결하라' 라는 식의 의미를 가진다.

mRNA 이야기

여기서 또 한 가지, DNA의 정보는 직접 아미노산의 배열을 지시하지 않고 'mRNA(메신저 RNA)' 라는 물질을 통해야 한다.

mRNA는 DNA와 닮은 물질로, DNA의 메시지를 단백질 제조 공장인 '리포솜' 에 전달하는 역할을 한다.

DNA는 세포핵 속에 있지만 단백질을 만드는 공장은 세포핵 외부에 자리잡고 있다. 핵은 세포 밖으로 나올 수 없으므로 누군가 DNA의 메시지를 세포 바깥으로 옮길 필요가 있는데, 그것이 바로 mRNA의 역할이다. DNA의 배열 정보를 복사하여 리포솜에 옮기는 일을 하는 것이다.

mRNA도 네 가지 종류의 염기로 이루어져 있지만 티민(T) 대신에 우라실(U)이 들어가 있다. 즉, mRNA를 이루는 염기는 A, U, G, C가 된다.

DNA와 마찬가지로 'GAU', 'CAG' 등 세 가지 염기로 '○○의 아미노산을 만들어라' 라는 정보를 나타낸다.

단, DNA처럼 2중 나선 형태가 아니며, 메시지마다 하나의 돌기로 되어 있다.

결국 유전자에 기록되어 있는 '우리 몸을 만들기 위한 명령' 은 다음 네 가지 단계를 거치게 된다.

DNA의 세 가지 염기 → mRNA의 세 가지 염기 → 아미노산 1개(아 미노산이 여러 개 모임)→ 단백질 1개 완성

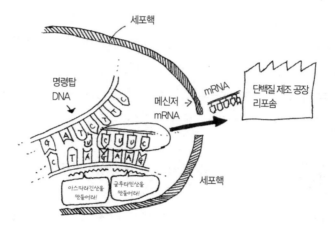

● 염색체가 1세트를 이루면 그 '생물의 설계도'는 완성되는 셈이야. 그 정체는 DNA 속에 네 가지 문자로 이루어진 30억 개(인간의 경우)의 염기배열이라는 사실, 잘 알았겠지? 그리고 그 모든 정보를 일컬어 '게놈'이라고 해.
따라서 게놈의 내용을 모두 이해할 수 있다면 인간이라는 생물 자체에 대해서 보다 자세하게 알 수 있어.

 아하, 그래서 '생명의 설계도'라고 부르는구나.

● 단, 그 막대한 정보의 양이 문제인데, 분석이 끝날 때까지는 아주 많은 시간이 걸릴 거야. 하지만 수년 안에 컴퓨터를 이용한 게놈 해석 방법이 완전히 확립될 수 있겠지. 지구상의 모든 생명체의 게놈 지도를 분석할 날도 얼마 남지 않았어.
참고로 말하자면 지난 2000년 6월에 과학자들은 '30억 개에 달하는 모든 염기배열을 해석했다'라고 발표했어.

 응? 그게 무슨 뜻이야? 드디어 인간의 설계도가 완성된 거야?

● 아니, 그게 아니고, 인간의 염색체를 이루는 모든 염기배열의 패턴을 알아냈다는 거지. 말하자면 고대문명의 유물로 발견된 상형문자를 이제 겨우 해석하기 시작했단 뜻이야.

 '게놈 지도의 염기배열을 분석했다' 는 것은 무슨 의미일까?
2000년에 전체 염기배열을 해석했다고 해서 화제가 되었다. 이것은 염기
배열의 순서를 알아냈다는 것이지, 그 안에 들어 있는 의미까지 파악했다
는 뜻은 아니다.

◎ 유전자와 정크

 그러니까 어떤 부분에 무엇이 적혀 있는지 그 의미를 알아
낸 것은 아니란 말이군?

● 조금씩 알아내고 있지만 어려움이 많아. 하지만 가장 큰 수확
은 게놈 지도 전체가 유전자가 아님을 밝혀낸 것이지.

 응? 그건 또 무슨 말이야?

● 아미노산 배열에 대한 명령을 내려서 어떤 단백질을 만들지 정하는 것이 DNA의 일이지. 그런데 DNA의 염기배열 속에는 아미노산을 만들라고 명령을 내리는 부분이 있는 한편, 전혀 아무 일도 하지 않는 부분이 있더라는 거야. 이 부분을 '정크(junk)'라고 부르지.

놀라운 것은 인간 게놈 지도의 경우, 전체의 95퍼센트가 바로 정크라는 사실이야.

 뭐라고! 95퍼센트가 정크라고? 거의 대부분이 아무 일도 하지 않는다는 뜻이잖아!

● 정크 부분이 어떤 역할을 하고 있는지에 대해 밝혀진 것은 없어. 지금은 유전자로서 움직이지 않고 있는 '유전자의 화석'이나 '유전자의 움직임을 조절하는 부분', '염색체의 코일 구조를 지키기 위한 부분' 등으로 해석되고 있을 뿐이야.

한편으로는 정크가 아닌 부분 즉 '유전자' 부분이 3만 5,000개 정도밖에 없다는 사실이 밝혀지면서 그 기능을 해석하는 연구가 더욱 활발하게 이루어지고 있지.

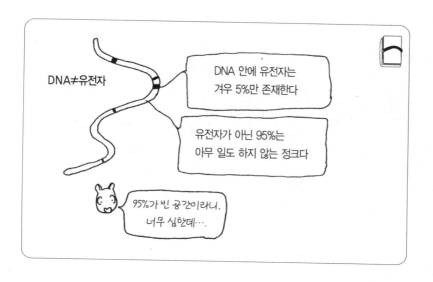

◎ 99.9퍼센트의 공통 유전자를 가진다

● 인간의 경우, 같은 인종은 99.9퍼센트의 공통된 유전자 정보를
   가지고 있다는 사실, 알고 있어?

 와! 백인, 흑인, 황인종의 차이가 불과 0.1퍼센트밖에 안
   된다는 거야?

● 그래. 더욱 놀라운 것은 원숭이의 게놈과 인간의 게놈은 99퍼
   센트가 같다는 사실이야. 말하자면 30억 개의 염기배열 중에서
   99퍼센트가 같다는 뜻이지.

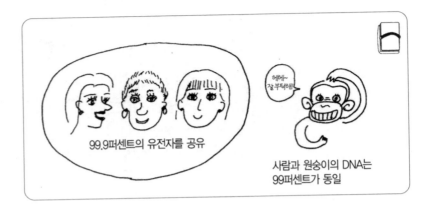

99.9퍼센트의 유전자를 공유

사람과 원숭이의 DNA는
99퍼센트가 동일

 쳇, 많이 다를 줄 알았는데……. 원숭이랑 그렇게 비슷하다니, 실망인걸.

● 인간과 실험용 쥐는 물론, 심지어 파리의 유전자 속에서도 인간과 닮은 것이 많이 발견되고 있어.

지금까지 약 1,000여 종의 질병 유전자가 발견되었는데, 그 중에서 60퍼센트는 초파리와 똑같다고 해.

 세상에, 인간이 원숭이나 쥐도 모자라 파리와 비슷한 유전자를 갖고 있다니, 아람아, 그건 말도 안 돼!

● 유감스럽지만, 사실이야. 하지만 지구상의 생물의 근원을 밝히다 보면 선조는 단순한 DNA 구조를 가진 원시 미생물이었다잖아.

같은 뿌리로부터 진화한 생물이니 어쩌면 당연한 일인지도 몰

라. 그렇게 생각한다면 놀랄 일도 아니지.

앞으로 다양한 생물과 인간의 유전자를 자세하게 비교한다면 '생물의 진화' 과정도 밝혀지게 될거야.

 그런데 말이야, 인간이 유전자를 연구하는 목적은 단순히 진화의 과정을 이해하기 위한 거야?

● 아니, 좀더 현실적인 목적이 있어. 대부분의 과학자들은 게놈 연구를 통해 질병의 치료나 식량문제를 해결할 수 있다고 믿고 있어.

여러 나라의 노력과 관심이 여기에 쏠려 있는 이유도 바로 그 때문이야.

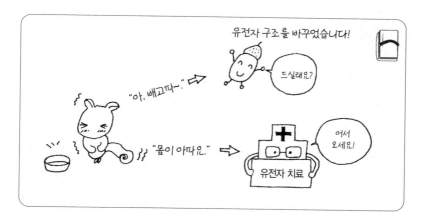

● 그럼, 유전자 연구가 치료에 어떻게 이용되는지 살펴보기로 할까? 앞에서 DNA의 2중 나선 구조가 유전자를 완전하게 복사할 수 있다고 했던 거, 기억나니? 하지만 사실은 10만~100만 번에 한 번쯤은 에러가 일어날 수 있어. 예를 들어 본래 A였던 장소에 G가 들어가는 식으로 배열 속에 엉뚱한 염기를 집어넣기도 하지.

이것을 유전자의 '돌연변이'라고 부르는데, 예를 들어 암의 경우에는 세포 속에 들어 있는 유전자가 돌연변이를 일으켜 암세포로 변하기도 해. 암세포는 순식간에 엄청난 숫자로 증식해서 장기의 기능을 파괴시킨다고 알려져 있어.

너무 무섭다!

● 암은 돌연변이이기 때문에 정상적인 세포분열 규칙을 지키지 않거든. 암 이외에도 DNA의 돌연변이가 일어나는 장소에 따라 여러 가지 질병이 발생할 수 있어.

옛날부터 유전병이라고 알려진 것도 있고, 최근에는 당뇨병이나 고혈압, 심장병을 일으키는 유전자를 발견하거나 그런 병에 걸리기 쉬운 체질을 결정하는 유전자를 찾아내기도 했지.

고혈압, 당뇨병, 심장병은 잘못된 생활습관 때문에 걸리는 줄 알았는데?

152

● 물론 그렇지. 하지만 그 사람이 가진 유전자에 따라 병에 걸릴 확률이 더 높아질 수 있다는 거야.

돌연변이란?
유전자를 복제할 때 10~100만 번에 한 번은 실수가 생기는데, 이것을 돌연변이라고 한다. 이는 암을 비롯하여 수많은 유전병과 고혈압, 당뇨병, 심장병의 원인이 된다.

● 왜 그런 사람 있지? 단 음식을 너무 좋아해서 매일 사탕, 음료수, 케이크를 엄청 먹는데도 전혀 살이 찌지 않고 당뇨병에도 걸리지 않는 사람 말이야.

맞아, 내 주변에도 있어. 나는 조금만 많이 먹으면 금방 살이 찌는데……. 정말 부러워.

● 그런 사람은 유전자 속에 당뇨병에 걸리기 쉬운 유전자가 없기 때문이야. 이처럼 개인에 따라 조금씩 유전자가 다른 것을 가리켜 '유전자의 다양성'이라고 해.
특히 이 중에서 주목받고 있는 것이 'SNP(스니프)'라고 하는, 1개의 염기가 다르게 붙은 형태야. 단 하나의 염기 차이가 질병의 원인이 되기도 하고 약의 효과를 좌우하기도 한다니, 정말 놀랍지 않니?

1개의 염기가 다르게 붙는 것만으로 체질이 달라진다니, 대단하다!

● 그러니까 지금 과학자들과 제약회사는 필사적으로 SNP를 찾고 있어. 만일 질병과 관련된 SNP를 몇 개만 찾아내더라도 해당되는 유전자의 진단을 통해 사전에 그 사람이 어떤 병에 걸리기 쉬운지 알아낼 수 있으니까.
질병을 예방할 수 있을 뿐만 아니라 특정한 유전자를 가진 사람에게 부작용 없는 신약을 투여하거나 암환자에게 안전한 항암제를 처방하는 등 효율적인 치료가 가능해지는 거지.

● 마치 옷가게에서 자신의 체형에 따라 옷을 고르듯, 체질에 맞는 치료를 할 수 있게 되는 거야. 이것을 '오더메이드 치료' 혹은 '테일러메이드 치료'라고 부르는데, 가까운 미래에 실용화될 거라고 생각해.

오더메이드 치료란?

개인마다 조금씩 다른 유전자가 그 사람의 체질을 결정한다. 그래서 1개의 염기 차이(SNP)가 질병의 원인이 되거나 약의 효과를 다르게 만들 수 있다.

유전자 진단으로 SNP형을 알게 되면 그 사람에게 맞는 약을 제조함은 물론, 부작용을 피하고 치료 효과도 높일 수 있다. 이것을 오더메이드 치료라고 한다.

◎ 유전자 진단과 프라이버시

대단해. 그렇게만 된다면 얼마나 좋을까? 질병을 예방하면서 부작용 없는 약도 처방받고, 머지않아 치매도 유전자 진단을 통해 미리 알 수 있겠네?

● 곧 현실로 이루어질 거야. 하지만 여기서 짚고 넘어가야 할 일이 있어. 개인의 유전자 정보는 건강에 관한 모든 내용을 담고 있기 때문에 정보를 보다 신중하게 관리하고 활용해야 한다는 거야.

무슨 뜻인지 이해하기 어려운데…….

● 유전자 정보에는 그 사람의 질병에 대한 저항력은 물론, 가족의 병력과 치료할 수 없는 유전병에 대한 정보까지 모두 들어

있거든.

만약에 입학, 취직, 결혼, 승진 등 인생의 중요한 시기에 유전자 정보가 평가의 대상이 되어 부당한 취급을 받는 일이 일어날 수 있다는 거야.

 뭐? 그건 정말 문제잖아. 유전자는 그 사람이 태어날 때부터 가지고 있는 것이니까, 본인의 의지나 노력, 능력과는 아무 상관도 없는데.

● 실제로 생명보험회사 중에는 가입자들에게 유전자 진단을 의무화시킨 곳도 있어. 장래에 병에 걸릴 위험 요소를 안고 있는

사람이 보험에 들 경우, 회사에서는 막대한 손실을 입게 되기 때문이지. 보험회사 입장에서 보면 유전자 검사는 어쩌면 당연한 일인지도 몰라.

 쳇, 멀쩡한 상태에서도 보험을 들 수 없을지 모른다니, 조금 억울한걸. 하지만 유전자를 가지고 있다고 해서 반드시 그 병에 걸리는 것은 아니잖아?

● 맞아. 예를 들어 열성 유전자(아버지와 어머니 양쪽으로부터 같은 유전자를 받아 처음으로 증상이 나타날 수 있는 유전자)가 일으키는 유전병은 환자의 숫자가 2만 명 중에 1명 꼴일 정도로 희귀한 병이지만, 실제로 그 유전자를 보유한 사람(질병에 대한 유전자를 가지고 있으면서도 평생 발병하지 않는 사람)은 70명 중에 1명 꼴이거든. 열성 유전자는 부모의 유전자가 모두 전해지지 않는 한, 어느 한쪽의 유전자만으로는 질병으로 나타나지 않는다는 거야. 이런 열성 유전자는 수백 종 이상 알려져 있으니까 누구나 열성 유전병의 유전자를 하나쯤 갖고 있다고 해도 과언이 아니지.

게다가 생활습관으로 인해 쉽게 발병하는 질병의 유전자를 가진 사람이라도 평소에 주의한다면 질병은 충분히 피해 갈 수 있어. 중요한 것은 질병을 일으키는 유전자를 가졌다고 해서 장래에 반드시 그 병에 걸린다고는 말할 수 없다는 사실이야.

인간복제는 '악마의 기술' 인가, '신을 향한 도전' 인가?

◎ 인간복제란?

● 그런데 유전자 연구가 사회문제로 대두된 또 하나의 사건이 있었어.
부모로부터 아이가 태어나는 것이 아니라, 생식세포를 조작해서 복제아를 탄생시키는 '클로닝(cloning)'이라는 기술이었지.

 응? 그게 뭔데?

● 어떤 개체와 완전히 똑같은 유전자를 가진 개체를 인공적으로 만드는 기술이야. 클로닝 기술로 만들어진 개체를 '클론(clon)' 또는 '복제'라고 부르지.
특히 최근 화제가 된 것은 '체세포 클론'이야. 여기서 체세포란 생식세포 이외의 세포를 말하지.

 체세포 클론이란 어떤 건지 자세히 얘기 좀 해줘.

● 다음 내용을 잘 봐.

체세포 클론의 제작 방법

재료 복제하고 싶은 개체의 체세포 1개.

　　　　같은 종류인 동물의 미수정란(수정되기 전의 상태) 1개.

　　　　대리모 역할을 할 같은 종류의 동물.

만드는 법 1. 미수정란으로부터 핵을 추출한다.

　　　　　2. 체세포로부터 핵을 꺼낸다.

　　　　　3. 2번을 1번에 이식한다. 이것으로 인공수정 완료.

　　　　　4. 3번을 대리모의 자궁에 넣어 두면 태아와 같은 방식

　　　　　　으로 성장하고 태어나게 된다.

● 이렇게 해서 체세포를 제공한 개체와 완벽하게 똑같은 유전자
를 가진 '복제동물' 이 탄생하게 된 거야.

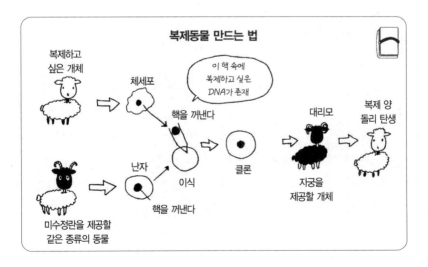

복제동물 만드는 법

복제하고
싶은 개체

체세포

이 핵 속에
복제하고 싶은
DNA가 존재

핵을 꺼낸다

대리모

복제 양
돌리 탄생

난자

이식

클론

핵을 꺼낸다

미수정란을 제공할
같은 종류의 동물

자궁을
제공할 개체

● 1997년에 복제 양 돌리가 탄생한 이래, 영국 에딘버러 지방의 로슬린 연구소에서는 복제 쥐, 복제 소, 복제 돼지가 차례로 태어나고 있어. 그때까지 포유류의 체세포 복제가 불가능하다고 알려져 있었기 때문에 이 사건은 단번에 세계의 이목을 끌었지. 하지만 잘 생각해 봐. 생명의 근원이 되는 난세포로부터 핵을 빼내어 다른 개체의 적당한 곳에 이식한 다음 다시 수정란의 상태로 돌려놓는 것 말이야.

태어나는 아이가 낳아 준 어머니의 유전자를 전혀 갖지 않고 체세포를 제공한 개체와 완전히 같은 유전자를 갖는다니…….

자, 잠깐만. 그럼 부모와 자식의 관계가 어떻게 되는 거야? 태어난 아이를 자식이라고 해야 하는 거야, 아니면 같은 유전자를 가진 쌍둥이 형제? 그것도 아니면…… 분신? 아, 너무 복잡해.

● 무척 혼란스럽지? 나도 그래.

그런데 왜 복제동물 따위를 만드는 거지?

● 여러 가지 이유가 있겠지만 중요한 이유만 생각해 본다면,
첫 번째 이유는 생물학의 새로운 도전이었고,
두 번째 이유는 앞으로 설명할 바이오 공장을 만들기 위해서이고,
세 번째 이유는 재생치료에 이용하기 위해서야.

클론(복제)이란?

어떤 개체와 100퍼센트 똑같은 유전자를 가진 개체를 인공적으로 만들어 내는 것이다.

◎ '바이오 공장'을 만든다

 복제기술로 바이오 공장을 만든다니, 그게 무슨 말이야?

● 살아 있는 동물의 몸을 공장으로 사용하여 인간에게 쓸 약을 효율적으로 생산하는 것이지.

복제동물을 만들 때, 체세포의 핵에 미리 다른 동물의 유전자를 넣으면, 그 유전자를 가지고 태어난 복제동물을 만들 수 있거든.

 뭐? 그러면 종류가 다른 동물의 유전자를 넣는 것도 가능하다는 거야?

● 물론이지. 어떤 생물이든지 유전자는 A, T, C, G라는 물질의 조합으로 이루어져 있으니까.

이것을 임의대로 바꾸는 것을 유전자 변형이라고 불러.

유전자 변형이란?

다른 종류의 동물이나 식물의 유전자를 본래의 유전자에 덧붙이는 것.
거의 모든 생물의 유전자가 동일한 염기(A, T, C, G)로 만들어졌으므로
인위적으로 조합을 바꾼 유전자는 다른 종류의 개체 안에서도 기능을 할
수 있다.

● 바이오 공장은 유전자 변환 기술과 복제기술의 합작품이라고 말
할 수 있어.

예를 들면 사람의 유전자에는 '혈우병의 치료약으로 활용할 수
있는 혈액응고물질을 만들어 내는 유전자'가 있는데, 이것을
양의 체세포에 집어넣어 복제 양을 탄생시키는 거야. 그러면
그 복제 양에게서 나온 우유에는 혈우병을 치료할 수 있는 성
분이 들어 있지.

이와 같은 실험을 통해 태어난 것이 바로 복제 양 '돌리'야.

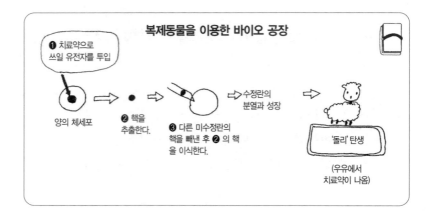

복제동물을 이용한 바이오 공장

❶ 치료약으로
쓰일 유전자를 투입

양의 체세포

❷ 핵을
추출한다.

❸ 다른 미수정란의
핵을 빼낸 후 ❷의 핵
을 이식한다.

수정란의
분열과 성장

'돌리' 탄생

(우유에서
치료약이 나옴)

● 우유를 통해 치료약을 분비하는 복제동물을 한 마리 얻을 수 있다면 또 다른 복제동물 역시 무한대로 얻을 수 있기 때문에 품질 좋은 약을 대량으로 만들어 낼 수 있게 돼. 이것이 바로 바이오 공장의 핵심이야.

◎ 맛있는 품종의 고기만을 대량생산한다

 음…… 그러니까 살아 있는 동물이 공장이란 말이지.

● 그래. 이것보다 더 현실적인 예를 들어 볼까? 복제동물은 축산업계에서도 매우 중요하게 다루어지고 있어. 축산농가에서는 가능한 한 맛있는 고기를 효율적으로 생산해야만 수익을 올릴 수 있잖아. 특히 자국민이 좋아하는 육질의 고기는 생산원가가 높기 때문에 이 소를 복제하여 대량으로 고기를 얻을 수 있다면 그보다 좋은 일은 없겠지.

우유를 얻기 위해 소를 키우는 경우에도 한 마리당 생산되는 우유의 양이 많다면 이익률도 높아질 거야.

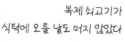 
복제 쇠고기가 식탁에 오를 날도 머지 않았다

국내에서도 복제에 대한 연구가 한창이라고 하니까 어떤 결과가 나올지 주목할 필요가 있어.

이제 복제 소로 만든 안심스테이크를 먹을 수 있겠군. 혹시 경주마를 복제할 움직임은 없어?

● 글쎄, 같은 유전자를 가진 말들이 함께 달린다면 어느 쪽이 이길지 예상하기 힘들겠는데.

아람아, 아까부터 느낀 건데 말이야. 동물을 마치 물건인 양 취급하니까 광우병에 걸린 소가 나온 거 아니겠어? 가축의 뼈를 갈아 사료로 먹여서 국제 식량을 오염시키다니……. 인간들이 말하는 효율을 추구하다가 생긴 엄청난 재앙이야.

● 동감이야, 다람아. 그런데 복제 소는 보통 소보다 수명이 짧다는 문제점이 있어. 하지만 최근 발표에 따르면 최신 기술로 탄생한 복제 소에게서는 아무 이상이 발견되지 않았다는군. 이제 복제 소는 거의 실용화 단계에 접어들고 있어. 그때까지는 계속 논의가 이어지겠지.

◎ 복제인간의 탄생

● 그런데 복제 양, 복제 소…… 이렇게 진행된다면 복제인간도 만들어질지 모르겠어. 현재 전 세계에서 2개의 그룹이 복제인간

제작에 착수했다고 발표한 상태야.

세포분열로 인간을 만든다?

 인간을 복제한다니, 아주 먼 미래의
일인 줄 알았는데…….

● 세계 최초로 복제동물 '돌리'를 탄생시킨 이언 윌머트 박사는
기자회견이 열린 후 2주 만에 '어떤 이유가 있어도 복제인간을
만들어서는 안 된다'는 내용의 성명을 발표했어.

 복제 양을 만든 게 바로 자신이면서…… 왜 그런 말을 했
을까?

● 그건 말이야. 복제해서 태어난 인간이 정상적으로 행복한 삶을
영위할 수 있을지 확신할 수 없기 때문이야.
이 성명이 있은 후, 많은 나라에서 '복제인간금지법'이나 '복
제인간 연구에 관한 가이드라인'을 제정했어. 우리나라도
2002년 이후부터 '인간복제금지법'의 제정을 서두르고 있지.
물론 반대 의견도 만만치 않아. '복제인간의 탄생이 임박했다'
고 발표한 산부인과 의사들도 있고 '불임 치료에 활용된다'고
주장하는 과학자도 있어. 하지만 절대 다수가 그런 의견을 비
난하고 있지. 복제를 통해 태어난 아이가 자신의 출생을 어떻
게 받아들일지 알 수 없으니까 말야.

 윤리적으로 뿐만 아니라 기술적으로도 문제가 있겠지?

● 물론이야. 인간을 복제하면 장애아가 태어날 가능성이 높아. 또한 성장 도중에 신체적 장애가 발생할 가능성도 높지. 이것은 이미 복제동물을 통해 확인된 사실이야.

 그렇다면 절대 용납할 수 없는 문제잖아!

● 맞아. 만에 하나 복제인간이 현실로 나타났을 때 그 아이의 인권을 어떻게 지켜 줄 것인지도 진지하게 생각해 볼 문제야.

◎ 수정은 선택인가?

● 한 가지 물어보고 싶은 게 있는데…… 넌 수컷, 암컷과 같은 '성'이나 '수정'이 왜 필요하다고 생각해?

 음…… 이야기가 철학적으로 흘러가는 것 같은데. 지금까지 한 번도 생각해 본 적은 없지만, 역시 아이를 태어나게 하기 위해서가 아닐까?

● 글쎄, 반드시 그렇지만은 않아. 생물 중에는 세균이나 아메바처럼 '무성생식'을 하면서 단순히 세포분열만 계속하는 개체도 있어. 짧은 시간 안에 수를 급격하게 불리는 데는 무성생식만큼 효과적인 방법이 없지.

물론 암컷과 수컷의 유전자를 합해 2세를 만드는 '유성생식'이 훨씬 많아. 새롭게 조합시킨 유전자를 가진 아이를 탄생시키기 위한 진화의 법칙 때문이지. 복잡한 생물일수록 이러한 경향은 더욱 뚜렷하게 나타나. 그렇게 본다면 암컷과 수컷으로 나뉘는 '성'의 존재는 다양한 유전자를 가진 자손을 남기기 위해서라고 생각할 수 있겠지.

 ? 속도도 느리고 귀찮은 방법 같은데, 하필이면 이런 방법을 택한 이유가 뭘까?

● 아주 미세하게 변화한 자손들은 급격하게 변화하는 환경 속에서도 유전자를 안전하게 남길 수 있기 때문이야.

 과연, 그렇구나.

● 그런데 복제동물을 만든다면 생명의 역사는 어떻게 되겠어? 생명이 오랜 시간에 걸쳐 얻은 합리적인 법칙에 역행하는 셈이 되는 거야.

 동물 입장에서 보자면 복제인간뿐만 아니라 동물복제도 그만두었으면 좋겠는데…….

● 인간의 이기심이지만 치료약 개발이라는 면에서, 현재로서는 복제기술이 고통받는 사람들에게 새 생명을 줄 수 있는 유일한

방법이라고 생각해.

자, 이쯤해서 우울한 이야기는 그만두고 복제기술을 응용한 미래의 치료법에 대해 알아보기로 할까?

◎ ES 세포를 이용한 재생의학

● 만일 질병 때문에 심장, 간장, 신장 중 어느 하나를 못쓰게 된다면 어떻게 될 것 같아?

 어떻게 되기는…… 더 이상 가망이 없는 것 아냐?

● 지금의 치료기술로는 장기이식이 최선의 방법이겠지. 뇌사한 사람의 몸에서 얻은 건강한 장기를 이식해서 치료하는 방법 말이야. 여기서 '뇌사'란 뇌의 기능이 완전히 멈추어 생명유지장치 없이는 몇 시간 안에 심장이 멈추는 상태를 말해.

그런데 장기이식을 필요로 하는 사람(레시피언트)의 수보다 장기를 제공하는 사람(도너)의 수가 턱없이 부족하기 때문에 장기이식을 기다리다 끝내 목숨을 잃는 환자가 많아. 게다가 다른 사람의 장기를 인위적으로 이식하다 보니 거부반응이 생기기도 해.

그래서 나타난 것이 '아예 장기를 새로 만들자'는 발상이야. 이처럼 필요한 장기를 만들어 몸의 기능을 재생시키는 치료법을 재생의료라고 하지.

 하지만 어떻게 인간의 장기를 만들 수 있어?

● ES세포가 바로 비밀의 열쇠야. ES 세포는 수정란이 증식하면서
배(胚)라는 덩어리를 이룰 때 그 안에 생기는 세포로, 매우 특
별한 성질을 가지고 있어.

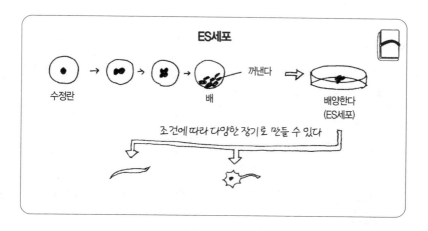

ES세포

수정란 → → → 배 ── 꺼낸다 ⇒ 배양한다
(ES세포)

조건에 따라 다양한 장기로 만들 수 있다

 응? 특별한 성질이란 게 뭐야?

● ES세포는 모든 조직과 장기로 분화하는 능력을 가지고 있어.
ES세포를 배에서 추출하여 배양하면 조건에 맞추어 신경, 심장
의 근육, 혈액, 피부, 근육 등으로 바꿀 수 있어. 심지어는 배양
을 거듭하여 아예 장기를 만들 수도 있지. 조건에 따라서 어떤

세포로도 분화할 수 있기 때문에 만능세포라고도 불려.

생물이 겨우 1개의 수정란에서 하나의 완전한 개체로 성장할 수 있는 것도 모두 다 ES세포 덕분이야.

ES 세포란?
수정란이 증식하기 시작할 때 '배'라고 불리는 세포 덩어리가 만들어지는데, 그 안에 들어 있는 세포가 ES세포다.

● 자, 여기서 다시 장기이식에 대한 이야기로 돌아가 볼까?

이렇게 ES세포로 원하는 장기를 만들 수 있게 된다면 장기이식에 매우 유용하게 쓰일 거야. 앞에서 잠깐 언급한 '재생의료'가 바로 ES세포를 이용한 치료법이지. 시간은 좀 걸리겠지만 의학계에서 거는 기대가 아주 커.

환자 입장에서는 장기가 제공되기를 기다리지 않아도 되니까 좋겠는걸.

● 맞아. 하지만 한 가지 주의할 점이 있어. 이론적인 문제인데, ES세포의 원료인 '인간의 배'는 그대로 성장시키면 인격을 가진 한 사람의 인간이 될 수 있거든. 말하자면 재생의료는 생명의 시작점을 인공적으로 파괴하여 필요한 장기나 조직을 만드는 기술인 거야.

따라서 인간의 배를 다룰 때 엄격한 통제와 제한을 두지 않으면 안 돼. 인간의 ES세포를 취급할 때 필요한 기본 지침 등을 반드시 따라야만 한단 얘기야.

ES세포를 이용한 재생의료란?
ES세포로부터 재생용 장기나 조직을 만들어 내는 기술.

● 그러면 이제 원료인 '배'를 누구의 것으로 사용할 것인지 생각해 보기로 하자.
  사실 가장 좋은 것은 환자 자신의 배를 원료로 하여 재생용 장기를 만드는 거야. 그 이유는 설명하지 않아도 잘 알겠지?

　　환자 본인의 유전자를 가진 장기를 이식하면 거부반응을 일으키지 않을 테니까.

● 정확하게 맞혔어. 재생의료의 장점이 바로 여기에 있지. 본인과 같은 유전자를 가진 장기를 만들 수 있으니까 말이야. 배의 원료인 수정란의 유전자에 미리 복제해 둔 환자의 유전자를 바꾸어 넣으면 돼.

　　역시 여기서도 복제기술이 필요하군.

● 이렇게 만들어진 배를 '복제배아'라고 불러. 그런데 이 기술에도 윤리적인 문제가 있어. 복제배아를 자궁에 넣는다면 어떻게

되겠어?

뭐라고? 그럼 복제인간이 만들어지는 거잖아!

● 맞았어. 이것이 복제배아를 재생치료에 사용하는 데 가장 큰
장애물이야. 국가에서 강력하게 연구 범위를 제한하지 않으면
어떤 일이 일어날지 아무도 몰라.

듣고 보니 심각한데……. 하지만 복제인간이라고 반드시
나쁘다고는 할 수 없지 않아?

● 그래. 과학자들은 복제인간과 같은 심각한 문제를 일으키지 않
기 위해 환자의 줄기세포를 이용하여 조직과 장기를 만드는 연
구를 하고 있어.

줄기세포?

● 줄기세포는 척수와 근육에 들어 있는 특수한 세포야. ES세포보
다는 분화가 진행되어 있는 상태지만 조직이나 장기로 성장할
수 있는 잠재 능력을 가진 세포지. 이미 조직의 일부분(피부,
뼈, 혈관)을 재생하기 위한 방법이 실용화 단계에 들어서 있어.
사실 재생의료는 이제 막 연구가 시작된 상태라 ES세포와 줄기
세포 어느 쪽이 더 나은 결과를 가져다 줄지 알 수 없는 상태야.

유전자 변형 식품이란 무엇인가?

◎ 유전자 변형 식품은 먹어서는 안 된다?

● 마지막으로 최근 사회적으로 큰 반향을 일으킨 '유전자 변형 식품'에 대해 이야기해 볼까? 유전자 조직을 바꾼 식품이라고 들어 본 적 있지?

응, 있어. 감자칩, 두부, 청국장 포장지에 '이 제품은 유전자를 변형시킨 콩과 감자를 사용하지 않았습니다' 라고 써 있던데? 그런데 유전자 변형 식품은 먹어선 안 되는 거야?

● 안 된다기보다 제품을 구입하는 소비자가 가려서 살 수 있도록 표시를 한 거지.

그래? 겨우 그런 이유 때문이었어? 유전자 변형 식품에 대해 잘 모르는 사람들은 먹어선 안 되는 걸로 알고 있던데……

● 유전자 변형 식품이란 유전자를 변형시킨 작물을 원료로 사용

했다는 점이 달라. 다시 말해 작물에 다른 식물이나 동물의 유전자를 인공적으로 주입해서 인간의 기호에 잘 맞도록 조작한 것이지. 영어로는 Genetically Modified(유전적으로 바꾸다)라고 하는데, 흔히 'GM 작물' 또는 '바이오식품'이라고 부르지.

◎ 유전자를 변형하는 이유

 ? 그런데 어째서 GM 작물 따위를 만드는 거지?

● 맨처음 계기가 된 것은 식량문제를 해결하기 위해서였어. 현재 세계 인구는 약 60억 정도인데, 50년 후에는 100억을 넘으리란 예상이야. 그 때문에 세계가 식량난에 허덕일 것이라는 예측이 지배적이지.

식량의 대부분을 수입에 의존하는 우리나라의 상황은 더욱 심각해.

따라서 극한 지방이나 사막처럼 척박한 환경에서도 잘 자라는 작물 또는 병충해에 강한 작물 등을 유전자 변형 기술을 통해 만들어 보자는 결론에 이르렀던 거지.

 이미 종자 개량 등을 통해 수확량을 늘리고 있었잖아?

● 지금까지는 단순히 '교배'에 그쳤었지. 같은 종류의 종자 중에

서 좋은 품종을 여러 세대에 걸쳐서 새로운 품종으로 만들었어. 하지만 이것만으로는 기하급수적으로 불어나는 인구 증가를 따라잡을 수 없었지.

그에 비해서 유전자를 변형시키는 방법은 단시간 안에 성과를 얻을 수 있는데다 전혀 다른 생물의 유전자를 활용할 수 있기 때문에 지금까지 생각지 못했던 '새로운 기능'을 가진 작물까지 생산할 수 있다는 장점이 있어.

◎ 해충을 없애는 단백질

● 실제로 미국에서는 획기적이라고 할 만한 기능을 가진 GM 옥수수 개발에 성공했어. 하지만 이 옥수수가 세계 여러 나라 사람들에게 유전자 변형 식품의 안전성에 대해 의심을 품게 만들었지.

 도대체 어떤 옥수수길래?

● 특정한 해충(나방의 일종)이 그 옥수수를 먹고 죽는, 그런 기능을 가진 옥수수였어. 미국은 옥수수에 기생하는 해충들 때문에 곤욕을 치르고 있었거든. 그래서 그 해충에게 독이 되는 물질(단백질)을 만들어 내도록 옥수수의 유전자에 세균의 유전자를 끼워 넣었던 거야. 이렇게 해서 탄생한 옥수수에 Bt 옥수수(Bt

는 조작해 넣은 세균의 이름인 바실루스 투링기엔시스-〔Bacillus thuringiensis〕의 약자〕라는 이름을 붙여 주었지.

 우와, 식물에 세균의 유전자를 집어넣다니, 대단하다. 교배기술만으로는 상상도 할 수 없는 일인걸.

● 모두 유전자 기술의 발달 덕분이지. 세균의 유전자를 넣은 결과, 이 옥수수가 해충의 96퍼센트를 죽이는 놀라운 결과를 얻었어. 그 때문에 미국의 농가에서 앞 다투어 종자를 구입해서 재배하기 시작했지.

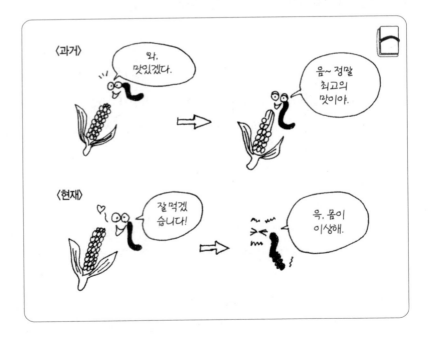

그거야 당연하지. 농약을 치지 않고도 해충이 죽어 버리니 농민들이 얼마나 편하겠어?

● 그런데 1999년에 어느 과학자가 충격적인 실험 결과를 발표했어. Bt 옥수수의 꽃가루를 식물의 잎에 뿌리고 그것을 제왕나비의 유충에게 먹이자 4일 만에 44퍼센트가 죽어 버린 거야. 게다가 살아남은 유충도 모두 발육 부진 상태였고…….

세상에! 옥수수의 꽃가루에도 독이 들어 있었던 거네. 해충뿐만 아니라 일반 곤충에게도 영향을 미쳤다니, 정말 큰일 아니야?

◎ 유전자 변형 식품의 검사 방법

● Bt 옥수수의 실험 결과를 계기로 GM 작물에 대한 불안이 한층 더 높아지게 되었지. 불안한 이유로는 두 가지를 들 수 있어. GM 작물을 인간이 먹을 경우 안전한지, 그리고 GM 작물이 다른 곤충에게 피해를 주어 생태계에 영향을 끼치지는 않을 것인지가 그것이야.

정말 사람이 먹어도 괜찮을까?

● 사람이 먹는 경우에는 아미노산까지 소화시키기 때문에 이 옥수수에 들어 있는 Bt 단백질도 보통 생선이나 고기처럼 영양소로 변할 뿐이야. 만약에 충분히 소화되지 않았다고 하더라도 Bt 단백질이 붙을 만한 장소(리셉터)는 나방이나 나비와 같은 곤충의 장기에만 존재하기 때문에 리셉터를 갖고 있지 않은 인간에게는 아무 영향도 미치지 않아.

게다가 이 단백질 자체는 가열하면 그대로 분해되고 위액에서도 완전히 녹아 버리기 때문에 안전성 측면에서는 그리 걱정하지 않아도 돼.

다행이네. 그럼 나 같은 다람쥐도 괜찮겠네. 하지만 적어도 나비들에게는 영향을 미치는 거 아니야? 두 번째 '생태계에 미치는 영향'에 대한 문제는 아직 해결되지 않은 셈이잖아.

● 대규모로 재배할 경우, 본래의 취지와 달리 나방과 나비 등의 곤충에게 해를 끼칠 가능성이 있어. 따라서 이 옥수수를 넓은 면적에서 재배하는 경우에는 주변 생태계에 어떤 영향을 미칠 것인지부터 충분히 연구해야만 해.

국내에서도 그 문제가 완전히 규명될 때까지는 재배를 금지하고 있어.

그렇구나. 옥수수 문제는 그렇다 치고, 다른 작물에 대한 연구도 계속되어야 하지 않을까?

- 다른 유전자 변형 작물도 위험성이 완전하게 규명된 것은 아냐. 작물의 수입과 재배에는 식품의 안전성에 대한 검사를 한 후, 안전성을 인정받을 때까지 유통시키지 않도록 하고 있어. 수입되는 작물의 종자나 새롭게 변형된 작물의 개발과 생산은 농림부와 식품의약품안전청에서 검사하고 있어.

 그 말을 들으니 조금 안심이 되는걸. 이제 걱정할 일은 없을 것 같은데.

- 적어도 허가를 받고 시장에 나오는 유전자 변형 식품에 대해서는 염려하지 않아도 될 것 같아. 지금까지 알려진 과학적 근거의 범위 안에서는 말이야.

◎ 가공식품을 조심하라

- 단지 문제가 되는 것은 이런 규제와 상관 없이 흘러 들어오는 유전자 변형 작물이야. 우리가 모르는 사이에 식품에 섞여 있을 수 있거든. 실제로 2000년에 안전성이 확인되지 않은 식용 GM 옥수수가 일본에서 가공식품으로 판매된 적이 있어. 미국에서 수입된 것이었는데, 허가받은 옥수수 원료에 섞여 있었다는 사실이 밝혀져서 전량 회수되었지.

앗, 그럼 큰일이잖아.

● 가능성은 얼마든지 있어. 그래서 요즘 소비자들이 유전자 변형 식품의 '안전성' 에 대해 관심이 많은 거야.

◎ 유전자 변형 식품의 표시

● 유전자 변형 식품은 겉모습만으로는 알 수 없기 때문에 첨가 사실을 제품에 표기할 필요가 있어. 그래서 우리나라에서는 2001년 7월 13일에 '유전자 변형 식품(GMO)' 을 표시하도록 의무화했지. 그 대상은 대두와 두부, 두유, 된장, 떡, 옥수수 등이야.

 아무리 안전하다고 해도 역시 알아볼 수 있도록 표시하는 게 좋겠지. 소비자는 자신이 먹는 음식에 대해 알 권리가 있으니까.

● 맞아. 하지만 실제로 유전자 변형 식품 표시가 없는 두부에서 변형된 DNA가 검출되기도 했어.

 세상에, 그러면 표시도 믿을 게 못 되는 거잖아.

● 그나마 다행스러운 일은 정기적으로 시장조사를 실시해서 유전자 변형 식품을 가려내고 있다는 사실이야.

현재 소비자단체에서는 변형 작물이 재배와 유통, 가공단계를 거쳐 소비자의 식탁에 오르기까지의 과정을 추적할 수 있도록 식품의 리스트를 작성할 것을 요구하고 있어.

기준이 엄격하기로 소문난 일본의 경우에는 식량의 대부분을 해외에서 수입하고 있기 때문에 이런 제도를 적용하기에는 많은 어려움이 있다고 해.

하지만 장기적인 안목에서 소비자들이 안심하고 식품을 잘 고를 수 있도록 정확하고 자세한 정보를 공개하고 있지.

우리나라에서도 식품의약품안전청 홈페이지http://www.kfda. go.kr를 통해 유전자 변형 식품의 규제 내용과 관리에 대한 상세한 정보를 안내하고 있어.

유전자 변형 식품의 수입,
막을 수 있는가?

어째서 미국에서는 GM 작물의 연구를 시작하게 된 것일까?

그것은 인구 폭발에 대응하기 위해 효율적으로 식량을 생산하기 위해서였다. 그러나 현재, 식량 부족으로 허덕이고 있는 대부분의 개발도상국에게 GM 작물은 거의 전해지지 않고 있다.

왜냐하면 선진국이 개발한 고가의 종자를 살 만한 형편이 못 되기 때문이다.

개발도상국의 대표격인 중국의 경우, GM 작물의 연구개발에 힘을 쏟고 있다. 1999년에 중국에서 GM 연구에 들어간 비용은 1,300억 원 이상이라고 한다. 이렇게 천문학적인 비용을 투자하는 이유는 두말 할 나위 없이 자국민의 폭발적인 인구 증가에 대비하기 위해서다.

중국의 한 연구기관에서는 2002년에 140여 종이 넘는 GM 작물을 개발했고 그 중 65가지는 이미 자연환경에 노출시켜도 된다는 허가를 받은 상태다.

세계적으로 GM 작물의 연구가 가장 앞서 있다는 미국에서조차 허가받은 작물의 종류는 50가지 정도다. 따라서 GM 작물에 대한 중국의 규제는 너무 허술한 게 아닌가 하는 지적도 있다.

본문에서 잠깐 언급한 바와 같이, GM 작물은 자연의 법칙을 넘어

인위적으로 만들어진 작물이므로 종래의 교배방식과는 전혀 다른 의미를 가진다.

따라서 GM 작물을 연구, 개발하는 과학자들은 신중하게 이 문제를 고려해 봐야 할 것이다.

GM 작물의 개발 경쟁이 뜨거워질 경우, 값싼 수입 농산물을 들여오기 위해서는 위험을 감수해야 한다. 중국산 야채의 잔류 농약 문제에서도 드러났듯이 오염된 식품에 대한 불안은 여전히 우리 생활에 남아 있는 상태다.

4장

지금, **우주**에서는
이런 일이 일어나고 있다

우주를 개발하는 이유?

 우주를 여행하면서 눈으로 직접 별을 볼 수 있다면 얼마나 좋을까.

● 맞아, 실제로 언젠가는 "올여름 휴가 때는 플레이아데스 성단에 있는 여자친구를 만나고 와야지"라고 말할 수 있는 날이 올지도 몰라. 지금 인류가 우주개발을 위해 차근차근 단계를 밟고 있는 중이거든.

 우주개발? 자주 들어 본 말이야. 그런데 구체적으로 뭘 개발한다는 거야?

● 음, 지금은 확실하게 '무엇'을 개발하고 있다고 말하기가 어려워. 아직 '개발 중'이라는 말밖에 할 수가 없어. 하지만 머지않은 미래에는 분명히 우주를 활동 무대로 삼게 될 거야. 그것만은 확실해.
다른 행성에는 우리가 유용하게 사용할 수 있는 자원이 많이 있다고 해. 나중에 자세히 이야기하겠지만 우주를 이용한다는 계획은 이미 다양한 형태로 시도되고 있어.

우주를 이용하는 것이 우주개발의 목적이야?

● 한마디로 말하자면 그렇지. 하지만 20세기 후반이 되어서야 우주로 눈을 돌리기 시작했기 때문에 지금은 먼저 우주로 나가기 위한 기술 개발에 힘을 쏟고 있어. 로켓을 발사한다든가, 우주선에서 장기간 생활하는 실험 같은 거 말이야. 따라서 지금 단계에서 '우주개발'이란 말은 로켓이나 우주정거장, 탐사위성을 발사시키는 정도로 해석할 수 있을 거야.

 그렇구나!

● 게다가 우주는 아직 미지의 세계잖아. 우주비행사가 지구에 가지고 돌아온 '월석(月石 : 달에서 채취한 돌)'을 분석한 뒤에야 사람들은 비로소 '달이 지구처럼 46억 년의 역사'를 가졌다는 사실을 알아낼 수 있었어.

지금 우리의 기술은 '우주를 조사하는' 수준에 지나지 않아. 우주를 제대로 이용하려면 앞으로 많은 실험과 연구가 필요할 거야. 더구나 현재 지구에서 일어나고 있는 환경문제를 우주에까지 확산시켜서는 안 되잖아.

나를 조사해 보면 달과 지구 탄생의 비밀을 풀 수 있어요!

월석

우주개발에 특히 앞장서고 있는 나라는 어디야?

● 1940년대 냉전시대에 미국과 구 소련은 앞 다투어 우주개발에
매달렸어. 1961년 구 소련이 인류 최초로 우주비행에 성공하
자, 미국의 케네디 대통령도 질 수 없다는 듯이 '1960년대가
끝나기 전에 인간을 달에 착륙시키겠다'고 선언했지. 그 후 미
국은 맹렬한 공세로 소련을 추격했고, 결국 1969년 아폴로 11
호가 달 표면에 착륙하는 데 성공했어.

와, 대단한 발전인데. 그 후로 어떻게 되었어?

● 미국 나사(NASA: 미국 우주항공국)는 비행기처럼 몇 번이나 반
복해서 사용할 수 있는 우주선인 우주왕복선(space shuttle)을
개발했어. 드디어 유인우주선의 시대가 열린 거지. 1986년 챌
린저(Challenger)호 발사에는 실패했지만 1990년에는 허블우주
망원경을 우주로 옮겨 놓는 데 성공했어.

지금은 그 다음 단계로 우주정거장 건설과 유인 화성탐사에 도
전하고 있는 중이야.

한편 러시아(구 소련)는 1986년에 우주정거장 미르(Mir)호를
쏘아 올려 다양한 실험을 했고, 우주비행사의 우주 체재 시간
을 엄청나게 늘리는 수확을 올렸지.

하지만 소련이 붕괴한 후, 심각한 재정난으로 관리가 어렵게

되자 어쩔 수 없이 2001년 미르호를 추락시켜 폐기하고 말았어. 냉전이 끝난 상태라 지금은 러시아가 그동안 가지고 있던 연구 자료를 미국에 제공하면서 국제우주정거장 연구에 참여하고 있지.

 휴……, 우주개발도 정치와 밀접한 관련이 있구나.

● 그런 셈이지. 한 나라의 기관이 우주개발을 담당하고 있는데다 연구에 막대한 자금이 들어가니까 그럴 수밖에 없어.

참고로, 미국 나사가 지금까지 쏘아 올린 로켓은 약 1,200기, 인공위성은 약 1,700기, 비행한 우주비행사는 250여 명이야. 구 소련의 경우에는 로켓이 2,600기, 인공위성 3,100기, 우주비행사는 94명이지.

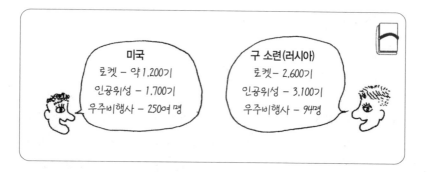

◎ 우리나라의 우주개발은 어디까지?

 ? 　우리나라의 우주개발은 어느 정도까지 왔어?

● 안타깝게도 우리나라는 미국이나 구 소련 같은 화려한 연구결과는 아직 없어. 유인우주선은 아직 성공하지 못했고, 인공위성용 로켓의 실험 발사와 과학탐사위성 등을 중심으로 우주개발에 몰두하고 있어.

 ? 　이거 실망인데. 우주개발이 그렇게 늦어진 이유가 뭐야?

● 가장 큰 원인은 역시 예산 문제야. 미국의 연간 예산은 120억 달러(약 138조원)나 되는데, 우리나라는 그만한 자금을 들일 여유가 없거든. 우주개발을 전담할 만한 기관이 활성화되지 못한 것도 원인 중에 하나야.

 　최근에 달라진 건 없어?

● 2004년 올해, 정부는 '국가우주위원회'를 대통령직속기구로 설치하기로 했어. 종래에 국방부와 산업자원부, 정보통신부로 갈라져 있던 우주개발에 대한 창구를 하나로 통합하여 운영하기로 한 거지.
과학기술부는 2004년 7월 22일자로 '우주개발진흥법'을 입법 예고했어. 앞으로 우주개발 전문기관으로 항공 우주 연구원을 뽑을 예정이야. 아마 세금이나 금융 면에서도 지원이 있을 거야.

이야, 듣던 중 반가운 소린데. 그런데 우리나라가 쏘아 올린 유인우주선은 몇 개야?

● 아쉽게도 우리나라는 아직 유인우주선을 발사한 적이 없어. 우리나라는 1992년 8월 11일 과학실험용 소형 위성 '우리별 1호'를 발사하면서 비로소 우주개발국의 대열에 들어섰어. 보조 로켓 고장으로 수명이 단축되긴 했지만 1995년 8월 5일에는 최초의 상업용 방송통신 위성 '무궁화호'를 발사하기도 했어.

◎ 국제우주정거장

 근데, 국제우주정거장이라는게 뭐야?

● 지상에서부터 400킬로미터 상공에 건설 중인 초대형 유인우주
기지야. 냉전시대인 1984년에 미국 레이건 대통령이 제안하여
미국, 일본, 유럽, 캐나다가 협력해서 시작된 계획이야.
무게가 340톤, 길이가 120미터, 폭이 75미터나 된다니까, 완성
된다면 거의 축구장만한 크기가 되겠지?

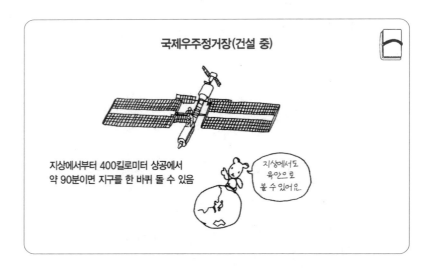

국제우주정거장(건설 중)

지상에서부터 400킬로미터 상공에서
약 90분이면 지구를 한 바퀴 돌 수 있음

지상에서도
육안으로
볼 수 있어요.

 우주에다 왜 그렇게 큰 정거장을 만드는 거야?

● 우주정거장처럼 중력이 약하게 작용하는 공간은 다양한 우주

실험에 독보적인 환경이 될 수 있어. 중력을 거의 받지 않은 상태에서 강도는 높으면서 엄청나게 가벼운 신물질을 만들 수도 있고 반도체, 신약 등을 개발할 수도 있지. 모두 미래의 인류가 우주에서 살아가도록 준비하기 위해서야.

 러시아도 우주정거장 제작에 참여했니?

● 물론이야. 앞에서도 잠깐 이야기했던 것처럼 러시아가 가지고 있는 '미르호'에 대한 지식과 노하우는 우주개발의 매우 중요한 자료가 되고 있어. 러시아가 이 계획에 참여하기 시작한 것은 1994년부터야.
국제우주정거장은 엄청난 예산 초과와 공사 지연 등 어려움이 많았지만 2006년 6개의 실험모듈과 2개의 주거모듈이 완성된다고 해.

 우주정거장에서는 실험을 얼마나 자주 할 수 있어?

● 우주정거장 자체는 완성 후 10년 정도 사용할 수 있대. 항상 6~8명 정도의 우주비행사가 그곳에 머물게 될 거야. 각국의 비행사 체류 시간은 개발 출자금의 규모에 따라 결정된다고 해. 국제우주정거장은 초속 7.7킬로미터의 속도로 지구 주위를 돌아. 이 속도라면 한 바퀴 도는 데 약 90분밖에 걸리지 않아. 재미있는 사실은 날씨만 좋으면 지구에서도 그 모습을 볼 수 있다는 거야.

와! 보고 싶다. 망원경 없이도 볼 수 있을까?

● 물론이야. 육안으로 보는 게 제일 좋은 방법이야. 새벽과 저녁
무렵 2시간 정도 사이에 가장 잘 보일 거야.

◎ 나사의 다음 목표는?

? 냉전이 끝난 후 미국 나사의 목표는 어떻게 바뀌었지?

● 한마디로 말해 '화성탐사' 야. 나사는 화성에 생명체가 살고 있
다고 확신했거든. 1996년에 나사가 '화
성의 운석 속에서 생명체의 흔적을 발
견했다' 고 발표한 이래, 화성에서의 생
명체 탐색은 지금까지 계속되고 있지.

화성인?

? 정말로 화성에 생명체가 산다는 거야?

● 아직 결정적인 증거가 발견되지 않았기 때문에 확신할 수는 없
어. 탐사선이 찍어 보낸 화성의 모습을 보면 불모지뿐이거든.
하지만 화성이 과거에 생명이 살 수 있는 환경이었다는 자료는
계속 늘어나고 있어.

194

와! 기대되는걸.

● 예를 들어 화성 표면에 물이 흘렀던 지형이 남아 있는데, 그것을 통해 과거에 화성이 따뜻하고 습한 기후였을 거라고 추측할 수 있어. 그게 사실이라면 화성에서도 생명체는 얼마든지 번성할 수 있었을 거야.

 그럼, 그 물은 모두 어디로 사라진 걸까?

● 화성은 지구보다 태양과 멀리 떨어져 있어서 아마도 물이 얼어붙기 쉬웠을 거야. 어떤 과학자는 화성 표면에 있던 물이 얼어붙어 지층이 10미터 이상 쌓였다고 추측해.

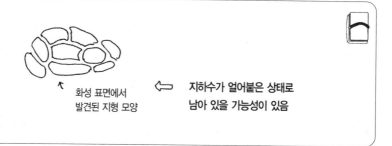

화성 표면에서
발견된 지형 모양

⟸ 지하수가 얼어붙은 상태로
남아 있을 가능성이 있음

● 미국 나사는 달 표면을 가장 먼저 정복했던 것처럼 화성탐사 분야에서도 최고의 위치를 차지하겠다는 의지를 불태우고 있어. 얼마 지나지 않아 화성의 유인탐사가 가능해질 거야. 21세

기 우주개발의 새로운 장이 열리는 거지.

◎ 제2의 지구, 화성

● 참, '테라포밍' 이란 말 들어 봤어?

 글쎄, 처음 듣는 말인데.

● 다른 혹성을 지구처럼 개조하는 것을 테라포밍이라고 해. 미국
  의 한 대학이 화성에서 인류가 살 수 있는 방법을 연구하기 시작
  했어. 화성에 사람이 숨 쉴 수 있는 대기와 생명을 잉태할 바다
  를 만들어 우주복을 입지 않고도 살 수 있도록 만든다는 거야.

 어째서 그런 황당한 계획을 세운 걸까? 앞으로 지구에서
  살 수 없을 거란 생각에서? 화성을 개조하기 전에 오염된
  지구부터 복구하는 게 순서 아닐까?

● 물론 지구를 지키는 것이 가장 중요하지. 하지만 화성을 푸른
  별로 만드는 도전은 지구의 복잡한 비밀을 푸는 데도 도움이
  될 거야. 또한 생명체가 살 수 있는 별의 조건을 알게 된다면,
  그에 따라 지구를 깨끗한 환경으로 변화시킬 수 있을지도 모르
  니까.

흠…… 그렇군.

● 테라포밍에 관해 지금까지 어떤 아이디어가 있었는지 소개해
볼까?
화성은 지구보다 태양에서 멀리 떨어져 있어서 기온이 너무 낮
아. 그래서 화성의 기온을 상승시키는 일부터 시작해야 해. 그
것이 가능해지면 화성 지하층에서 잠자고 있는 물을 자연스럽
게 지상으로 끌어 올릴 수 있을 거야.

 말이 쉽지, 무슨 수로 화성의 기온을 올라가게 한다는 거
야?

● 가장 대표적인 아이디어는 프레온가스를 대기로 방출시키는
거야. 프레온가스는 이산화탄소보다 약 12~12,000배나 온실효
과가 높거든.
다음 단계로 보통 식물에 비해 10배 이상 광합성작용을 하는
박테리아를 이용해서 대기 중에 있는 이산화탄소를 산소로 바
꾸는 거야. 이렇게 하면 결국 백 년, 아니 수백 년 뒤에는 지구
와 같은 물의 혹성, 푸른 하늘이 있는 별이 되지 않을까 하는
것이 과학자들의 예상이야.

 원리는 간단한 것 같은데…… 그게 과연 가능할까?

● 온실효과기체의 위력이 너무 강하면 지구처럼 지나치게 더워
질 수도 있겠지. 일단 숲이 만들어지면 미생물, 곤충, 동물 순
으로 적응시킨다고 해. 인공적으로 생태계를 만드는 거지.

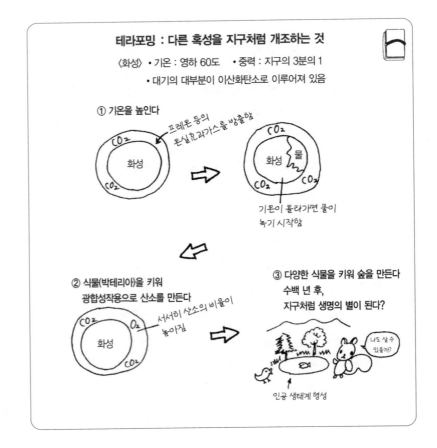

테라포밍 : 다른 혹성을 지구처럼 개조하는 것

〈화성〉 • 기온 : 영하 60도   • 중력 : 지구의 3분의 1
• 대기의 대부분이 이산화탄소로 이루어져 있음

① 기온을 높인다

프레온 등의
온실효과가스를 방출함

기온이 올라가면 물이
녹기 시작함

② 식물(박테리아)을 키워
광합성작용으로 산소를 만든다

서서히 산소의 비율이
높아짐

③ 다양한 식물을 키워 숲을 만든다
수백 년 후,
지구처럼 생명의 별이 된다?

나도 살 수
있을까?

인공 생태계 형성

◎ 우주인을 발견하라!

 그런데 말이야. 이 드넓은 우주 어딘가에 지구인처럼 문명을 가진 외계인이 살고 있을까?

● 우주에는 수많은 별들이 있어. 그 중 생명체가 살고 있는 별은 아마도 태양처럼 스스로 빛을 내는 항성의 에너지를 받고 있는 행성일 거야.

우리들이 살고 있는 은하계에만 2,000억 개 이상의 항성이 있고, 그와 똑같은 은하계가 1,000억 개는 더 있다고 해. 다시 말해서 스스로 빛을 낼 수 있는 항성은 적어도 2,000,000,000,000,000,000,000,000개 이상 존재한다는 거야.

게다가 1995년 이후 태양계 밖에 있는 행성들이 차례로 발견되고 있으니 앞으로 그 숫자는 더욱 늘어나게 될 거야.

이쯤 되면 어딘가에 외계인이 살고 있을 거라는 생각도 들 만하지?

공상과학 영화에나 나올 법한 방법으로 이 문제에 도전하고 있는 것이 바로 SETI(지구 외 지적생명체 탐사) 프로젝트야. 'Search for Extra-Terrestrial Intelligence' 의 약자지.

 어떤 방법이길래?

우주 어딘가에 지적 생명체가 있을까?

SETI 프로젝트

● 아직 인류는 외계인을 찾으러 나갈 만한 기술을 갖고 있지 않
  으니까, 외계인이 우리에게 보내는 메시지를 받으려는 노력을
  하고 있어.
만일 발달된 문명을 가진 외계생명체가 어딘가 살고 있다면 자신
들 이외의 문명을 가진 또 다른 생명체를 찾아 우주를 향해 메시
지를 보내고 있을 거라 생각한 거야.

 찾고 있는 메시지가 뭔데?

● 지금까지 가장 주목받았던 것은 '전파'야. 천체로부터 전파에
  섞여 흘러 들어오는 외계의 반응을 포착하는 거지.
  1960년에 오즈마 계획(전파를 이용한 탐사)이 진행된 이래, 전파
  를 탐지하려는 실험을 중심으로 90가지 이상의 프로젝트가 동
  시에 진행되었어.
  지금까지는 지상에서 내보내는 전파와 인공위성으로 인해 너무
  나 많은 전파가 날아다니고 있어서 외계로부터 받은 통신을 분
  석하기가 매우 어려웠어. 그 때문에 최근에는 전파탐사를 계속
  하면서 '광학식 SETI' 방식을 도입했어.

 광학식 SETI가 뭐야?

● 외계생명체가 보내는 '빛'을 감지하려는 거야. 외계생명체는
  강력한 레이저를 사용해서 빛의 신호를 보내올 가능성이 크거
  든. 광학식 SETI는 그 빛을 포착하려는 실험이야.

외계생명체로부터의 빛이라…… 밤하늘에 반짝거리는 별빛하고 뭐가 다른 거지?

● 외계생명체를 향해 메시지를 보내려면 천체와 전혀 다른 빛이 필요할 거야. 과학자들은 '그들'이 10억분의 1초 이하의 빛을 보내올 가능성이 가장 크다고 말하고 있어. 인간의 눈으로는 감지하지 못할 정도의 순간적인 빛이지. 그것을 잡아내기 위해 과학자들은 센서가 부착된 검출기를 개발했고, 얼마 전부터 실험에 사용하기 시작했어.

 어쨌든 외계생명체는 아직 발견되지 않은 셈이군. 언제쯤 만나게 될까?

● 글쎄, 내일이 될 수도 있고, 100년 후가 될 수도 있겠지. 하지만 최근 들어 태양계와 닮은 행성계가 계속 발견되고 있으니까 조만간 외계생명체를 만나게 된다는 것만은 확실해.

우주과학의 한계

◎ 지구 멸망!

아람아, 크 큰일 났어!

● 무슨 일인데 그렇게 호들갑이야?

얼마 안 있어 태양이 지구를 삼켜 버린대!

● 아~, 그건 앞으로 50억 년 뒤의 얘기야.

뭐야, 한참 뒤의 얘기잖아? 휴……그때라면 나는 이미 죽은 다음일 테니 안심할 수 있겠군.
그런데, 그날이 되면 정말 지구가 멸망하는 거야?

● 그래. 태양은 핵융합 반응으로 인해 수소를 태우면서 에너지를 발산하고 있거든. 앞으로 50억 년이 지나면 원료인 수소가 모두 바닥나 버릴 거야.
태양처럼 핵융합 반응으로 빛을 낼 수 있는 별을 항성(恒性)이라고 하는데, 이런 별들은 수명을 다하면 고온의 가스가 방출되면서 주변에 있는 별들을 모두 빨아들이는 성질이 있어. 그래서 '그날'이 되면 지구는 고온의 가스에 휩싸이고 지구상의 모든 생물은 멸망해 버릴 거야.

태양은 늘 그 자리에서 영원히 빛날 줄 알았는데, 수명이 있다니 놀라워.

● 그렇지. 지구상의 생물은 물론 인간도 언제, 어떻게 변할지 모를 '우주의 파편'에 불과해.

그 말을 들으니 왠지 우울해져. 우리가 살고 있는 별이 고작 작은 행성에 불과하다니 말이야.

● 어쩌면 그때는 과학기술이 발달해서 지구상의 모든 생명체가 다른 별로 안전하게 이주할 수 있을지도 몰라. 인류가 멸망하지 않고 살아남아 앞에서 말한 '테라포밍' 프로젝트를 성공시킨다면 말이야.

아니면 전혀 다른 외계생명체가 지구에서 인간과 살고 있을지도 모르지.

 ? 이 우주에 우리가 옮겨 살 만한 곳이 있을까?

● 글쎄, 지금의 과학기술로 이해할 수 있는 범위에서 일단 우주가 어떤 모습인지 한번 살펴보기로 할까? 준비됐지? 자, 출발!

◎ 태양계 이야기

● 대기권을 빠져나와 깜깜한 우주공간으로 나와 보니 가장 가까운 달이 보이는군.

 어? 표면이 울퉁불퉁하네.

● 응, 운석 구덩이인 '크레이터' 때문이야. 지구에서 달까지의 거리는 38만 킬로미터쯤 돼. 1969년, 인류가 처음으로 발을 내딛은 별이 바로 달이었지.
달을 향한 도전에 대해서는 앞에서 잠깐 이야기한 적이 있으니까 다시 우주공간으로 날아가 볼까?

● 자, 저기 활활 타오르는 태양이 보이지? 태양은 지구에서 약 1

억 5,000만 킬로미터 떨어진 태양계의 중심에 있어. 지구에서 태양으로 가려면 빛의 속도로 약 8분 정도가 걸려.

 흠, 어쩐지 멀다는 느낌이 드는데.

● 하지만 다른 행성과 태양과의 거리는 더 멀어. 그래서 거리를 가늠하기 쉽도록 태양과 지구 사이의 평균 거리를 1천문단위(AU)로 정해 놓고 있지.

● 알고 있겠지만 태양 주변에는 수성, 금성, 지구, 화성, 목성, 토성, 천왕성, 해왕성, 명왕성까지 총 9개의 행성이 공전하고 있어. 천문단위를 사용해 거리를 환산해 보면 태양에서 화성까지의 거리는 1.5AU, 목성까지는 5.2AU, 명왕성까지는 평균 39.5AU나 돼. 쉽게 말해서 태양을 동전 1원 정도의 크기라고 가정한다면 태양에서 지구까지의 거리는 약 2미터, 태양에서 목성까지의 거리는 약 11미터, 가장 바깥쪽에 있는 명왕성까지는 85미터쯤 되는 거야.

 태양계는 정말 엄청나게 넓은가 봐.

● 그렇지? 그럼 이제 태양계에서 벗어나 더 먼 곳까지 가 보자.

◎ 태양과 가장 가까운 별

● 태양계에서 가장 가까운 항성은 켄타우루스자리의 알파별이야. 지구에서는 남반구의 하늘에서만 볼 수 있는 별이지. 아까처럼 태양을 1원짜리 동전으로 가정한다면 이 별은 태양과 얼마나 떨어져 있을 것 같아?

 음…… 전철역 한 정거장 정도?

● 아니, 무려 540킬로미터!

 우와! 태양을 1원짜리 크기라고 가정하고 태양에서 85미터 떨어져 있는 명왕성에서 540킬로미터 지점까지 아무것도 없다는 말이야?

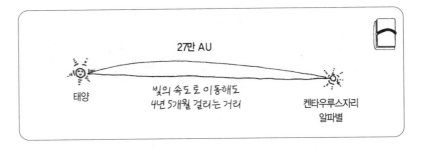

● 그래. 그 사이에 별은 하나도 없어. 완전히 텅 비어 있지. 참고로 말하자면 태양에서 켄타우루스자리의 알파별까지의 거리는 27만 AU야. 빛의 속도로도 4년 5개월은 족히 걸리는 거리지.

빛이 4년 이상이나 걸려 도달할 수 있는 거리라니! 상상이 안 돼.

● 나도 그래. 빛은 1초에 지구를 일곱 바퀴 반 돌 만큼 빠르거든. 그런데 그 빛의 속도로도 4년 이상이 걸린다니까 정말 엄청나게 먼 거리지. 하지만 우주의 크기로 본다면 아주 보잘것없는 거리일 수도 있어.

우주처럼 큰 세계는 빛의 속도로 거리를 환산하는 것이 편리하기 때문에, 천문학자들은 빛의 속도로 1년 걸리는 거리(약 9.5조 킬로미터)를 1광년으로 정해서 거리를 표시하고 있지.

◎ 은하계를 향하여

● 자, 꽉 잡아. 이제 수많은 별들이 모여 있는 은하계로 갈 테니까.

 우와! 빛이 띠 모양을 이루고 있네.

● 아름답지? 망원경으로 본다면 은하수는 늘 이런 모습을 하고 있을 거야. 마치 반짝이는 강처럼 보이지? 은하(銀河)는 말 그대로 별들이 모여 있는 곳을 말해. 은하에서도 특히 우리가 살고 있는 은하를 은하계라고 부르지. 은하계에서 보면 태양계는 한쪽 구석에 있는 조그만 점에 불과해.

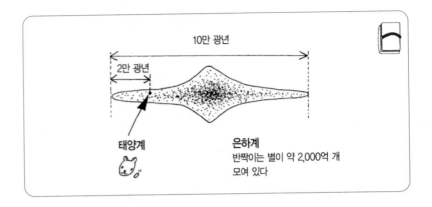

10만 광년

2만 광년

태양계

은하계
반짝이는 별이 약 2,000억 개
모여 있다

● 위의 그림은 은하계를 옆에서 본 모양이야. 원반 모양의 양끝
을 거리로 환산하면 10만 광년이나 되지. 태양계는 은하계의
끝 지점에서 2만 광년 떨어진 곳에 있어.

은하계의 폭이 10만 광년이나 된다고? 빛이 은하계를 횡
단하는 데 10만 년이나 걸린다는 말이잖아. 정말 엄청나
게 크구나. 그 안에 별이 몇 개나 들어 있는 거야?

● 반짝이는 별만 2,000억 개가 있어.

엉? 2,000억 개! 그렇게 많은 별이 모여 있다니, 정말 대
단하다.

● 별에도 질량이 있어. 이렇게 질량을 가진 별에는 주변 사물을
끌어당기는 중력이라는 힘이 작용해. 그래서 질량을 가진 별끼

리 모여 있는 거야.

 그럼 모든 별이 점점 가까워지다가 서로 납작하게 붙어 버리는 거 아냐?

● 계속 움직이지 않는 별이 있다고 했을 때, 그 주변에 질량이 큰 별이 있다면 두 별은 서서히 이끌려 부딪치고 말겠지. 그래서 무거운 별은 더욱 무거워지는 거야.
하지만 회전하고 있는 별은 서로 이끌리는 힘과 동시에 바깥으로 튕겨져 나가려는 힘도 함께 작용해. 그래서 쉽게 멀어지거나 부딪치지 않는 거야.
이렇게 물체가 원운동을 하고 있을 때 회전 중심에서 멀어지려는 힘을 원심력이라고 해.

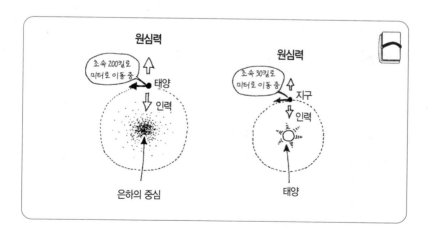

● 지구가 태양으로 빨려 들어가지 않는 이유 역시 태양의 주변을

돌면서 생기는 원심력 때문이야. 달이 지구 주변을 회전할 때도 같은 원리가 작용해.

가까운 예를 들어 볼게. 양동이에 물을 담은 다음 손잡이를 잡고 360도 회전시켜도 물은 쏟아지지 않지. 은하계와 태양 사이에도 이와 같은 현상이 일어나고 있어.

흠……. 태양은 은하계의 원반 중심을 축으로 빙글빙글 돌고 있는 거구나.

● 맞았어. 관측해 보면 태양은 은하계를 중심으로 초속 200킬로미터 속도로 회전하고 있어. 그리고 그 은하계의 중심에는 태양의 260만 배에 달하는 거대한 블랙홀이 있다고 해.

지구는 태양 주변을 돌고, 그 태양은 또 은하의 중심을 돈다는 말이지?
결국 우리가 살고 있는 지구는 매일 조금씩 움직이는 소형 보트인 셈이네.

● 좋은 비유야. 우주를 커다란 바다라고 하면 우리는 조그만 나무판자에 몸을 싣고 해류를 따라 떠다니는 것과 같아. 자, 그럼 이제 은하계 바깥으로 눈을 돌려 볼까. 은하계 말고도 별은 많으니까.

◎ 은하군, 은하단, 초은하단

● 우리들이 사는 은하계로부터 230만 광년 떨어진 곳에 우리 은하계와 가장 가까운 안드로메다은하가 있어. 만약 우리 은하계를 1원짜리 동전 크기라고 가정한다면, 안드로메다은하까지의 거리는 어느 정도일 것 같아?

230만 광년

은하계   안드로메다
                은하

음…… 서울과 부산 정도?

● 아니야. 겨우 46센티미터에 불과해. 별과 별 사이에는 빈 공간이 의외로 적은 편이거든. 너무 가까이 있어서 충돌하는 은하가 있을 정도야.

지금까지 약 6만 개의 은하가 발견되었는데, 여러 개의 은하가 모여 군락을 이루는 곳도 있어.

이렇게 수십 개의 은하가 무리를 이루고 있는 것을 은하군이라고 불러. 대개 그 지름이 100만 광년에서 수백만 광년에 달하지. 이보다 더 큰 무리 즉 1,000만 광년 정도의 폭을 가진 은하의 집단을 은하단이라고 하는데, 그 안에 들어 있는 은하가 자그마치 1,000개나 돼.

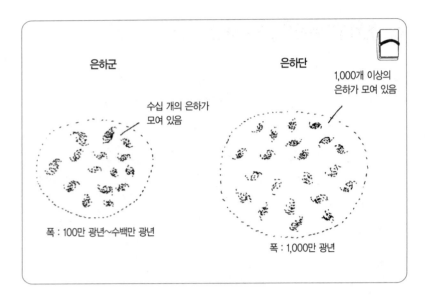

은하군

수십 개의 은하가
모여 있음

폭 : 100만 광년~수백만 광년

은하단

1,000개 이상의
은하가 모여 있음

폭 : 1,000만 광년

? 그럼 우리 은하계도 은하군이나 은하단의 일원이겠구나?

● 맞았어. 우리 은하계는 이웃집 안드로메다은하와 함께 30개 정
도의 은하가 모인 은하군 안에 들어 있어. 이것을 국부은하군
이라고 불러.
말하자면 300만 광년 정도의 넓은 대지에 30개의 주택단지가
들어서 있는 것과 마찬가지야.

흐음, 지구는 태양계의 일부지만, 그 태양계는 은하계라는
별의 모임 속에 들어가 있고, 또 그 은하계는 은하군이라
는 은하 군락의 일부분이라는 말이네. 정말 재미있는데.

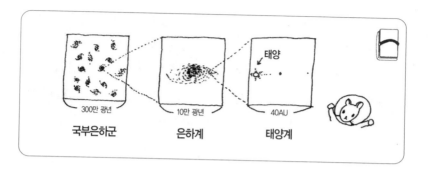

300만 광년 | 10만 광년 | 40AU

국부은하군 | 은하계 | 태양계

◎ 우주의 거품구조

● 그런데 말이야, 최근 10년 사이에 은하군과 은하단이 더 큰 덩
  어리를 만들고 있다는 사실이 밝혀졌어. 은하군이나 은하단이
  모여 수억 광년 크기의 초은하단을 만들고 있다는 거야.
  한편으로는 같은 규모의 은하가 하나도 존재하지 않는 거대한
  공간이 발견되기도 했어. 마치 물방울처럼 내부에 아무것도 없
  는 거대한 공동(空洞)이야. 이것을 '보이드(void)' 라고 불러.

 굉장히 큰 모양이지?

● 응. 초은하단과 보이드가 대규모 구조를 만든다는 사실이 밝혀
  지고 나서 매우 흥미로운 사실을 발견했어.

 그게 뭔데?

● 초은하단이 마치 거품처럼 분포하고 있었던 거야. 오목한 그릇에 물과 중성세제를 붓고 마구 휘저으면 생기는 모양을 머릿속에 떠올려 봐. 거품 표면의 막과 거품과 거품이 연결되어 있는 부분이 초은하단, 다시 말해 액체 부분이 초은하단이고, 텅 빈 거품 속 부분이 보이드라고 생각하면 돼.

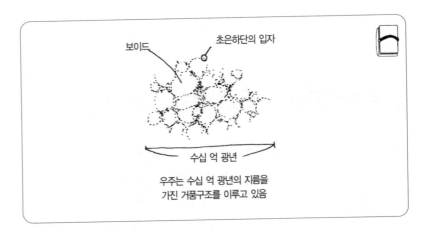

보이드   초은하단의 입자

수십 억 광년

우주는 수십 억 광년의 지름을
가진 거품구조를 이루고 있음

● 이 거대한 구조가 우주의 거품구조라 불리는 이유도 그 때문이야.

 그렇구나. 초은하단이 거품처럼 분포한다니, 신기한데? 그런데 왜 그런 모양을 하고 있을까?

● 안타깝지만 그건 아직 수수께끼로 남아 있어. 세계의 우주과학자들이 열심히 연구하고 있는 중이야. 거품구조는 20세기 말, 눈부시게 발달한 관측 기술 덕분에 알게 된 사실이야.

거품구조는 얼마나 클까?

● 한 개의 거품구조의 지름이 수십 억 광년 정도라고 해.

 우와, 너무 커서 상상이 안 돼.

● 지금 관측 가능한 우주가 수백 억 광년의 거품이라니까 거품
구조의 덩어리는 관측 가능한 한계 지점까지 계속 이어져 있을
지도 몰라.

 흠음…… 그렇다면 지금 우리가 알 수 있는 가장 커다란
구조는 초은하단의 거품구조라고 할 수 있겠네.

● 그렇지.

 초은하단보다 '더 큰 무언가'도 있지 않을까?

● 지금 슬론 디지털 우주 탐사(SDSS : Sloan Digital Sky Survey)라
는 우주 관측 프로젝트가 진행 중이야. 3차원으로 하늘을 측량
함으로써 더욱 먼 곳의 우주지도를 만들 계획이야. 일본, 미국,
독일이 준비하고 있었는데, 2004년 8월부터는 우리나라도 이
프로젝트에 참여하고 있어.

◎ 우주의 끝은 존재하는가?

 ? 우주에 끝이 있을까?

● 글쎄, 어려운 질문인데. 그건 아직 알 수 없어. 뒤에서 자세히 설명하겠지만 사실 우주는 계속 팽창하고 있어서 멀리 있는 은하일수록 빠른 속도로 우리에게서 멀어지고 있어. 그 이유는 220페이지에 나와 있어.

 왜 그런 걸까?

● 우리가 살고 있는 곳에서 멀어질수록 그 속도는 점점 더 빨라져. 어떤 것은 멀어지는 속도가 빛의 속도를 넘어서기도 해. 그렇게 되면 언젠가는 빛이 도달하지 못하는 곳에까지 이르게 될 거야. 우리에게 그곳은 영원한 수수께끼로 남게 되겠지.

따라서 우주의 끝을 볼 수 없는 이유는 단순히 보이지 않기 때문인지, 아니면 빛보다 빠르게 멀어져 가기 때문인지, 현재 우리가 가진 능력으로는 판단할 수가 없어. 지평선 너머가 보이지 않는 것처럼 말이야. 이처럼 우리에게서 멀어져 가는 속도가 광속을 넘는 우주공간을 '사상의 지평선(event horizon)' 이라고 불러.

멀어지는 속도가 빛의 속도를 넘어선다면 엄청 빠르겠는 걸. 그런데 말이야, 전에 '우주가 팽창하고 있기 때문에 우리에게서 더욱 멀어져 간다'고 말했었지? 그 말은 우리가 우주의 중심에 서 있다는 말처럼 들리는데?

● 하하하, 그렇진 않아. 우주에 중심이란 없어. 우주의 어떤 곳도 중심이 될 수 없어. 우주 어디에 있는 사람이든 자신 주위에 있는 모든 은하는 멀어져 가는 것처럼 보일 테니까. 왜 그런지 알겠어?

음, 모르겠는데…….

● 우선 완전한 공의 형태를 한 고무풍선을 머릿속에 떠올려 봐. 그리고 그 고무풍선의 표면에 우리가 붙어 산다고 상상하는 거야. 우선 풍선을 작게 부풀린 다음, 풍선 표면에 매직으로 간격에 상관 없이 점을 여러 개 찍는 거야. 그런 다음 풍선을 크게 불어 봐. 풍선이 점점 커지면서 매직으로 그린 점들의 간격이 넓어지지?

다시 말해 우주가 팽창할 때 사람은 마치 모든 것이 자신을 중심으로 멀어지는 듯한 착각을 일으키지만 사실 그 누구도 우주의 중심에 있는 것은 아닌 거지. 어때? 우주를 풍선에 비유하니까 이해하기가 쉽지?

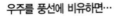

우주를 풍선에 비유하면…

  팽창 ⇨

그러나 자신이
우주의 중심에
있는 것은 아니다!

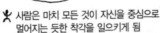
★ 사람은 마치 모든 것이 자신을 중심으로
멀어지는 듯한 착각을 일으키게 됨

● 자, 그럼 이제 어느 한 점에 내가 서 있다고 가정하고 주변의
점들이 어떻게 보이는지 생각해 봐. 모두 자신으로부터 멀어져
가는 것처럼 보이지 않아?

   응. 정말 나를 중심으로 멀어지는데?

● 하지만 시각을 풍선 부는 사람으로 바꿔 보자. 은하만을 바라
보는 사람과는 다르게 풍선 전체를 보고 있는 사람에게는 어느
쪽이나 마찬가지로 보이겠지. 그럼 이 두 사람 중 누구의 판단
이 옳은 걸까?

   실제로는 풍선이 균일하게 팽창되고 있으니 어디가 중심
이라고는 말할 수 없겠군.

● 맞았어. 우주의 팽창도 마찬가지야. 따라서 우주에는 중심이
없는 거지.

우주가 계속 팽창하고 있다고 했는데, 그런 걸 어떻게 알 수 있지?

● 20세기 초반에 에드윈 허블이라는 천문학자가 망원경으로 은하를 관측하다가 다음 두 가지 사실을 밝혀냈어. 첫째, 은하가 지구로부터 멀어지고 있고 둘째, 멀리 있는 은하일수록 더욱 빠른 속도로 멀어져 간다는 거야. 결국, 우주가 팽창하고 있다는 사실을 증명해 낸 거지.

잠깐. 별과 별 사이가 멀어져 간다면 나와 상대방의 공간도 점점 멀어진다는 뜻이야?

● 벌써 잊어버렸구나. 별끼리는 중력 즉, 서로 끌어당기는 힘이 작용해서 태양계나 은하계 속에서 '무리를 이룬다'고 했잖아. 마찬가지로 우리들 사이에도 지구의 중력 덕분에 인력이라는 힘이 작용하고 있어. 인력으로 서로 끌어당기는 힘이 우주가 팽창하는 힘보다 크기 때문에 멀리 떨어져 나갈 걱정은 없어.
우주 팽창은 멀리 떨어진 은하끼리, 혹은 은하단 사이의 움직임처럼 큰 규모로 관측되고 있어.

그렇구나. 하지만 실감하기가 어려워.

● 우주가 너무 커서 그럴 거야. 은하들은 서로의 거리가 가까울
수록 우주가 팽창할 때 밖으로 잡아당겨지는 힘보다 중력의 영
향을 더 많이 받게 되지.

현재 우리 은하계와 안드로메다은하는 초속 120킬로미터의 속
도로 가까워지고 있는 중이야.

참, 아까부터 물어 보고 싶었는데, 멀리 있는 은하계일수
록 멀어지는 속도가 빠르다는 것이 어째서 우주가 팽창하
는 증거가 되는 거야?

● 사실 우리 감각으로는 이해하기 어려운 부분이야. 아까 머릿속
에 그렸던 풍선 기억나지? 그걸 이용해서 다시 설명해 보기로
할까?

풍선을 약간 불고 나서 반듯하게 1센티미터 간격으로 A, B, C,
D 점 네 개를 그려 넣어. 이때 A점에 서 있는 사람의 눈으로 보
면 A점으로부터 B점은 1센티미터, C점은 2센티미터, D점은 3
센티미터 떨어져 있는 걸로 보일 거야. 그러면 풍선이 팽창하
면서 1은 2센티미터로, 2는 4센티미터로, 3은 6센티미터로 빠
르게 늘어나는 것을 알 수 있어.

A에서 보면 점들이 한순간에 멀어졌어. 멀리 있는 점일수록 간
격이 더 벌어진 거지.

풍선이 팽창하는 순간 B는 원래의 위치보다 1센티미터 멀어
지고, C는 2센티미터, D는 3센티미터 더 멀어졌지? 다시 말해
A점에 있는 사람의 눈에는 A에서 먼 곳일수록 더 빨리 멀어지

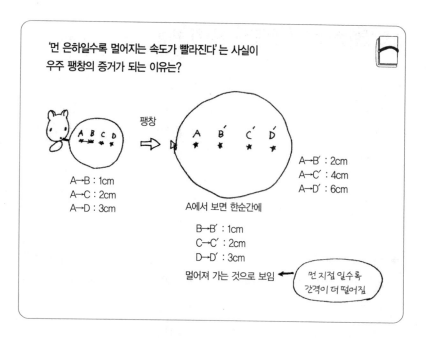

'먼 은하일수록 멀어지는 속도가 빨라진다' 는 사실이
우주 팽창의 증거가 되는 이유는?

팽창

A→B : 1cm
A→C : 2cm
A→D : 3cm

A→B´ : 2cm
A→C´ : 4cm
A→D´ : 6cm

A에서 보면 한순간에

B→B´ : 1cm
C→C´ : 2cm
D→D´ : 3cm

멀어져 가는 것으로 보임 ◀ 먼 지점 일수록
간격이 더 떨어짐

는 것처럼 보이는 거야. B점보다는 D점이 더 멀어진 것처럼
말이야.

아하, 이제 알겠다. 풍선(우주)이 팽창하니까 그 위에 서서
보는 사람은 먼 곳일수록 더 빠르게 멀어지는 듯한 느낌을
받았구나.

● 이제 멀리 있는 은하가 더 빠르게 멀어져 가는 것이 왜 우주 팽
창의 증거가 되는지 알겠지?

◎ 아인슈타인이 밝혀낸 우주의 비밀

● 이제 우주가 팽창하고 있다는 사실을 잘 알았겠지? 그런데 허블우주망원경으로 관측해서 알아내기 전에 어떤 유명한 사람은 이미 우주 팽창의 비밀을 알고 있었어. 본인은 알고 있다는 사실을 미처 깨닫지 못했지만.

 응? 그게 누군데?

● 바로 알베르트 아인슈타인이야. 그가 생각한 일반상대성이론은 한마디로 말해 '중력이란 무엇인가?'에 대한 설명이야. 그 이론을 우주에 적용시키면 우주 전체 공간과 시간이 어떤 구조를 이루고 있는지, 시간이 지남에 따라 공간과 물질이 어떻게 변할 것인지 예상할 수 있어.

 중력을 알면 우주를 알 수 있다고? 아무리 생각해도 모르겠는걸.

● 상대성이론이 발표되기 전까지 우주는 지구와 태양, 달이 따로따로 움직이고 그에 따라 변한다고 생각했었어. 그런데 그 이론 덕분에 우주 전체가 하나라는 결론에 도달하게 되었지. 아인슈타인이 만든 중력의 방정식은, 질량을 가진 물질과 에너지, 공간 변화와의 관계를 밝히고 있거든. 조금 어려운 이야기일 거야.

간단하게 말하면 '질량을 가진 물질 주변에서는 시간의 흐름에 변화가 생기거나 공간이 일그러진다' 는 사실을 밝힌 거야.

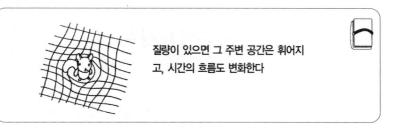

질량이 있으면 그 주변 공간은 휘어지고, 시간의 흐름도 변화한다

● 따라서 '질량을 가진 물질' 을 '우주 전체' 라고 본다면 우주 전체의 공간과 시간이 어떤 구조로 이루어졌고, 또 시간이 경과함에 따라 우리가 어떻게 변하는지 알 수 있지.

질량이라면 물질의 무게를 말하는 거잖아? 무게가 있는데 주변의 시간이나 공간이 달라진다니, 상상할 수 없는 일인데.

● 일반상대성이론은 쉽게 이해하기 힘든 부분이 많아. 하지만 무거운 천체, 예를 들어 블랙홀이나 우주처럼 '아주 무거운 것' 을 설명할 때 반드시 필요한 아주 중요한 이론이야.

생애 최대의 실수

아인슈타인은 우주 전체에 자신이 만든 방정식을 어떻게 대입시킨 것일까? 그 방법에 대해 알아보기로 하자. 아인슈타인은 다른 과학자들처럼 우주를 단순화시켜 생각했다. 그리고 다음 두 가지의 가정을 세웠다.

•가정 1 : '우주는 일정하다'
우주에는 항성, 행성, 은하 등 여러 가지 천체가 있으며 우주 전체의 어느 한곳에 몰려 있는 것이 아니라 우주 전체에 고르게 퍼져 있다.
•가정 2 : '우주는 같은 모양이다'
어느 쪽에서 보아도 우주는 똑같은 모양을 하고 있다.

이 두 가지 가정은 지금도 우주론 연구자들이 활용하고 있는 것으로, 우주원리라고도 불린다. 그러나 아인슈타인은 우주원리를 전제로 자신의 방정식을 대입하는 과정에서 이 우주가 시간에 따라 팽창과 수축 중한 가지 현상을 보인다는 사실을 깨닫게 되었다.

당시는 아직 허블우주망원경이 발명되기 전이라 아인슈타인은 '우주는 계속 같은 크기로 유지된다'(그때는 누구나 그렇게 생각했다)고 굳게 믿고 있었다. 그래서 더욱 그 결과에 어리둥절해 할 수밖에 없었다.

　그 후 아인슈타인은 물체를 끌어당기는 힘에 반해 스프링처럼 튕겨져 나가는 작용을 방정식에 대입했다. 이것을 우주항(宇宙項)이라고 한다.

　물론 아인슈타인 자신도 우주항의 정체에 대해서는 전혀 알지 못했지만 우주가 같은 크기를 유지하기 위해서는 그 방법밖에 없다는 결론을 내렸다.

　그러나 우주항을 대입한 후 다른 과학자에 의해 우주가 팽창하고 있는 것이 아닌가 하는 의문이 제기되었고, 후에 허블이 자신이 발명한 망원경으로 우주 팽창의 증거를 발견하게 되었다.

　그제서야 과학자들은 비로소 우주가 팽창하고 있다는 것을 사실로 받아들이게 되었다.

그런데 말이야. 우주가 계속 팽창하고 있다면 옛날에는 우주가 지금보다 작았겠네?

● 그렇지.

그럼 한참 시간을 거슬러 올라가면 우주는 정말 작았겠는걸.

● 비좁은 공간 때문에 물질의 농도인 밀도와 온도는 아주 높았을 거야. 이렇게 과거로 거슬러 올라가다 보면 우주가 탄생했을 때 일어났던 대사건과도 만날 수 있어.

대사건이라고? 그게 뭔데?

● 고온과 고밀도를 가진 불덩어리가 대폭발하면서 우주가 시작된 거야. 이것을 빅뱅이라고 불러.

어쩐지 믿기 힘든 이야기인걸. 빅뱅은 도대체 언제 일어난 거야?

● 자그마치 100억~150억 년 전의 일이야. 관측에 따른 오차가 커서 정확하게 말하기는 어려워. 하지만 빅뱅설은 대폭발 흔적

이 아직도 우주에 떠다니고 있다는 사실이 밝혀지면서 확실해졌
어.

흔적이라고?

● 빅뱅 후에 밖으로 내뿜어진 빛이 아직 우주에 남아 있다는 거
야. 우주가 팽창하면서 온도가 영하 270도로 떨어져 버렸지만
그 당시 빛이 관측된 것만은 확실해. 이 빛을 일컬어서 '우주배
경복사'라고 해.
아무도 없는 방에 들어갔을 때 포근하고 따뜻한 기운을 느끼게
되면 '아, 지금까지 누군가 여기 있었구나' 하고 추리할 수 있
잖아. 바로 그런 원리와 비슷한 거야.

빅뱅이란?

지금으로부터 100억~150억 년 전에 고온, 고밀도의 불덩어리가 폭발하
면서 우주가 시작되었다는 학설.

신기해. 빅뱅설 덕분에 우주의 시작에 대한 수수께끼가 모
두 풀린 거야?

● 아니, 그렇지는 않아. 아직도 모르는 부분이 많이 남아 있어. 지
금 우주에는 별과 은하, 은하단 등이 거품과 같은 모양을 이루
고 있잖아. 하지만 이런 모양이 어떻게 만들어졌는지 빅뱅만으

로는 설명할 수 없어. 게다가 '갑자기 불덩어리가 폭발한다'는 설명은 '불덩어리는 언제, 어디서, 어떻게 생겼을까'라는 또 다른 궁금증을 낳았지.

여기서 등장한 이론이 인플레이션이론이야. 두 가지 문제점 모두를 풀 수 있는 열쇠가 되고 있어. 인플레이션이론은 소립자론에 기초한 이론인데, 내용을 간략하게 정리하면 '태어난 지 얼마 안 된 우주는 진공 상태였기 때문에 에너지가 갑자기 팽창하면서 빅뱅이 일어났다'라는 얘기야.

 갑자기 머리가 아픈데……. 이해하기 어려워.

● 괜찮아. 이런 이론은 완전히 이해할 수 없는 게 당연해. 그러니까 부담 갖지 마. 인플레이션이론은 '빅뱅 이전의 상태를 설명하는 이론이고, 설득력을 가진 이론'이라고 기억하는 정도로 충분해.

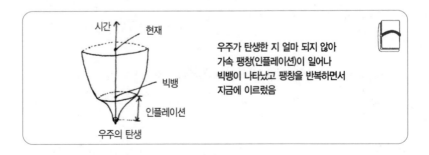

우주가 탄생한 지 얼마 되지 않아 가속 팽창(인플레이션)이 일어나 빅뱅이 나타났고 팽창을 반복하면서 지금에 이르렀음

● 최근 하와이의 마우나케아 산에 일본이 설치한 스바루망원경

등의 대형 망원경들이 먼 은하를 자세히 관측해서 초기 우주에 존재했던 은하의 모습을 볼 수 있게 되었어. 보다 정확한 이론을 세우기 위해서는 질 높은 연구 자료를 수집하는 데 더욱 노력해야 할 거야.

◎ 과거와 미래를 보는 눈

자, 잠깐만. 멀리 있는 천체를 관측하면서 과거 빅뱅의 흔적을 찾아냈다고 했는데, 혹시 과거 우주의 모습을 본 것은 아닐까?

● 앗! 잊을 뻔했어. 그 부분을 설명하고 넘어갔어야 했는데. 간단한 예를 들어 볼게. 태양빛은 지구에 도착하는 데 약 8분 정도가 걸려. 엄밀히 말하자면 지금 우리는 8분 전의 태양빛을 받고 있는 거야. 마찬가지로 이 순간 50억 광년 떨어진 천체를 관측하고 있다면 지구에서 볼 수 있는 빛은 50억 년 전에 그 천체에서 출발한 빛인 거야. 따라서 먼 곳에 있는 천체를 관측하는 것은 우주의 과거를 보는 것과 같아.

그거 참 재미있는데. 그럼 우리가 바라보는 별들은 우주의 각기 다른 시대를 한꺼번에 보여 주고 있다는 말이네?

● 그런 셈이지.

잠깐만! 이 말은 지구와 멀리 떨어져 있는 천체일수록 더 먼 과거의 모습만 보여 주고 있다는 뜻이잖아. 그럼, 우리가 보고 있는 천체의 모습이 지금은 전혀 다른 모습으로 변해 있을지도 모르겠네?

● 그 모습을 직접 볼 수 없으니 확실하게 알 방법은 없지만, 그럴 가능성이 완전히 없다고는 할 수 없지.

그렇다면 지구에서 멀리 떨어진 우주의 현재 모습은 전혀 알 수 없겠네?

● 추리로만 가능해. 우주를 어디에서 바라보든지 같은 모양이라면 거리가 가까운 우주나 먼 우주나 할 것 없이 똑같은 식으로 우주는 변한다고 볼 수 있지. 전혀 다른 방식으로 변하고 있다고는 생각하기 어렵거든.
다시 말해서 지금의 우주는 은하 속에 무수한 항성이 있고, 그 중 몇 퍼센트는 행성을 갖고 있어. 그리고 그 중에는 50억 년 전의 행성도 있을 거야.

행성이 그렇게 많다면 그 중에는 지구와 비슷한 별도 있고, 우리와 닮은 우주인도 살고 있을지 몰라.

● 음, 다람이 말을 들으니 가슴이 두근거리는데. 외계생물체에 대한 연구는 지금도 활발하게 진행 중이야. 언젠가는 '그들'과 만날 수 있겠지.

◎ 우주의 감속 팽창과 가속 팽창

 미래에 우주는 어떤 모습일까? 지금처럼 계속 팽창하고 있겠지?

● 아직 확실하게 말할 수는 없지만 지금보다 팽창 속도가 느려질 것만은 확실해. 앞으로 우주가 어떻게 될지 해답의 열쇠는 질량이 쥐고 있어. 만일 질량이 많아지면 서로 끌어당기는 힘이 팽창하는 힘보다 강해져서 우주공간도 점점 더 좁아질 거야. 반대로 질량이 적어지면 이대로 계속 팽창하겠지. 아인슈타인의 방정식을 풀어 보면 앞으로 우주의 결말이 어떻게 날지 세 가지 정도의 시나리오를 생각할 수 있어.

첫째, 이 상태로 팽창 속도가 늦어진다면 어느 시기에 수축 현상이 시작될 거야. 보통 '닫힌 우주'라고 말하지. 둘째는 지금처럼 느린 속도로 팽창하지만 시간이 지남에 따라 팽창 속도가 0(zero)에 가까워지면서 우주의 크기가 일정해지는 경우야. 이것을 '평탄한 우주'라고 불러. 마지막으로 셋째는 감속 팽창이 지속되면서 우주가 계속 성장한다는 결말이야. '열린 우주'라고 불리지.

이 세 가지 시나리오 중에서 어떤 것이 맞을지 여부는 다양한 관측 결과로 판단할 수밖에 없어. 대형 망원경을 통한 관측에 희망을 걸어 봐야지.

 아직 결과는 나오지 않았지?

● 사실은 1998년에 어떤 행성의 관측 결과로 인해 위의 시나리오 중 어느 것도 맞는 게 없다는 결론이 났었어. 새로 생긴 행성 100개 정도가 폭발했는데 그게 생각보다 어두웠거든. 이 현상을 바탕으로 과학자들은 우주의 팽창 속도가 빨라지고 있다고 생각하기 시작했어. 무거운 별일수록 일생을 마칠 때 더 커다란 폭발과 더불어 밝은 빛을 낸다고 믿고 있거든.

그래서 빅뱅으로부터 서서히 팽창하고 있던 우주의 팽창 속도가 빨라졌다는 게 바로 네 번째 시나리오야.

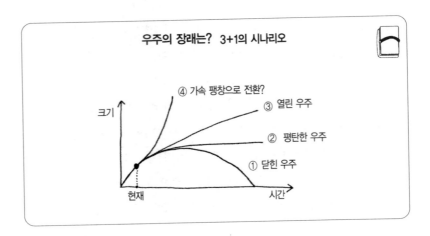

우주의 장래는? 3+1의 시나리오

④ 가속 팽창으로 전환?
③ 열린 우주
② 평탄한 우주
① 닫힌 우주

크기
현재
시간

232

여태까지 전혀 예상하지 못했던 시나리오 아냐?

● 맞아. 만일 네 번째 시나리오가 사실이라면 그 이유가 무엇인지 밝혀낼 필요가 있어. 지금까지는 우주의 미래가 '물질을 잡아당기는 힘의 강도'에 의해 결정된다고 믿었지만 네 번째 시나리오를 따른다면 팽창 속도를 빠르게 만든 '원인'이 분명히 있어. 왜냐하면 인력과는 반대로 '우주를 늘리는 힘'이 강력하게 작용하는 셈이니까. '우주를 늘리는 힘'으로 떠오른 유력한 후보는 아인슈타인이 자신의 방정식에 무리하게 대입시켰던 '우주항'이야.

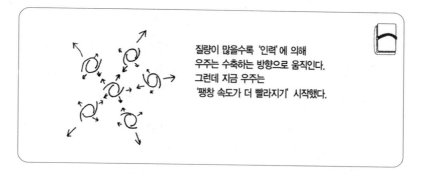

질량이 많을수록 '인력'에 의해
우주는 수축하는 방향으로 움직인다.
그런데 지금 우주는
'팽창 속도가 더 빨라지기' 시작했다.

● 당시, 아인슈타인이 수학적 수치를 맞추기 위해 마음대로 더했던 것이기 때문에 그 실체가 아직 밝혀지지는 않았어. 이번에 나올 관측 결과가 맞다면 우주항의 정체에 대해 보다 확실히 알게 될 거야.

정체도 모르면서 방정식에는 필요하다……. 이거 어려운데.

● 우주항 후보로 거론되고 있는 것은 '진공 상태의 에너지'와 '암흑의 에너지' 정도야. 모두 아직 밝혀진 게 없는 에너지원이야.

● 그런데 우주항 이외에도 정체를 모른 채 필요에 의해 사용하고 있는 것이 또 한 가지 있어. 이건 아주 오래 전부터 알아내지 못한 우주의 수수께끼 중 하나야.

 그게 뭔데?

● 우주 전체의 질량, 쉽게 말하면 무게야. 은하를 연구한 과학자들에 의하면 은하가 안정적으로 존재하기 위해서는 질량이 관측된 것보다 훨씬 더 무거워야 한다고 말하고 있어. 이때 등장한 것이 수수께끼 물질인 '암흑물질(dark matter)'이야. 암흑물질의 정체는 과학자들에게 흥미의 대상이 되고 있지.
'우주항 문제'와 암흑물질 모두 우주 전체에 영향을 끼치는 문제라서 과학자들은 이것이 앞으로 우주가 어떤 모습으로 변할지 가르쳐 줄 열쇠라고 보고 있어.

● 암흑물질로 의심되는 물질 중 하나로 뉴트리노가 있어.

뉴트리노? 그게 뭐야?

● 뉴트리노는 전기의 특성으로 중성을 띠고, 질량을 갖지만 모
든 물질을 통과해 버리는 신비한 소립자야. 소립자란 물질을
세분화시켰을 때 마지막에 남는 입자를 말해.
볼 수도, 느낄 수도 없는 물질이지만, 실제로 우주공간이나 지
구상에 떠다니고 있어. 뉴트리노는 우리 몸을 그대로 통과할
수도 있어.

 우와, 그런 게 있단 말이야?

◎ 노벨 물리학상 수상자 고시바 교수의 뉴트리노 관측

● 1998년, 일본 뉴트리노 관측 시설인 '슈퍼카미오칸데(Super-
Kamiokande)'에서 뉴트리노 관측에는 성공했지만 이것이 얼
마만큼의 '질량'을 갖고 있는지는 모른다는 결과를 발표했어.
그때부터 뉴트리노가 암흑물질의 하나일 수도 있다는 가능성
이 높아졌어.
뉴트리노는 중성자가 양자와 전자로 분해될 때 나오는 소립자
로 우주에서는 초기 우주, 행성 폭발, 항성의 핵융합 반응 등의
과정에서 생겨.

따라서 뉴트리노 관측은 소립자 물리학을 뒷받침할 뿐만 아니라 앞서 말한 다양한 현상을 설명할, 현대 천문학에서는 없어서는 안 될 중요한 존재야.

2002년 노벨 아카데미에서는 그 업적을 인정하는 의미에서 '슈퍼카미오칸데'로 바뀌기 전에 있었던 '카미오칸데'를 고안한 도쿄대학 고시바 마사토시(小柴昌俊) 교수에게 노벨 물리학상을 수여했어.

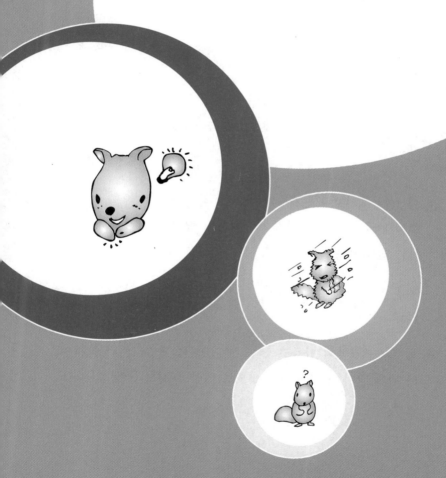

5장

나노테크와
만나다

미래 경제의 구세주

◎ 나노테크가 주목받는 이유

이것 좀 봐. 멋지지?

● 와, 예쁜 목걸이네. 반짝반짝 빛도 나고…… 그런데 너무 작은
거 아냐? 어디서 났어?

내가 만든 거야. 예쁜 돌과 유리를 갈아서 목에 맞도록 연
결했지.

● 세상에! 보기보다 손재주가 좋은걸. 감탄했어.
그런데 말이야. 지금 인간 세계에서도 '엄청나게 작은 것'을 만
드는 게 유행하기 시작했어.

오, 그래? 역시 난 유행에 앞서 간단 말이야.

● 하지만 인간들이 만들고 있는 건 다람이의 5밀리미터 돌에 비
해 훨씬 작아. 10만분의 1 정도로 너무 작아서 눈에 보이지도
않지.

정말? 이 돌의 10만분의 1 크기라고? 그렇게 작은 걸 어떻게 만들어?

지금까지 커다란 로켓이나 우주정거장 얘기만 들어서 그런지 믿기지 않는걸.

● 물론 그것들도 대단하지만 극도로 작은 것에 도전하는 일도 꽤 흥미로워.

예를 들면 좁쌀만한 테이블과 그 위에 올릴 작은 와인 잔(실제 와인 잔의 2만분의 1)도 만들 수 있으니까 말야.

우와, 진짜 작다. 그렇지만 눈에 보이지 않을 정도로 작은 와인 잔이라면 어디에 써먹겠어?

● 하하하, 말하자면 그렇다는 것뿐이야. 다양한 분야에서 작은 것을 만들 수 있는 기술을 '나노테크놀로지' 혹은 '나노기술' 이라고 해.

나노기술는 이미 우리 생활에서 얼마든지 응용 가능하기 때문에 2005년에는 800조 원, 2010년에는 1,900조 원 규모의 세계 시장이 형성되리라고 예측하고 있어. 거의 21세기 산업혁명이라 할 만하지.

정체를 보이고 있는 세계 경제에도 활력을 줄 구세주이기 때문에 여러 나라에서는 나노기술 산업을 최우선 연구개발 분야로 선정하고 있어.

말하자면 나노기술은 차세대 기대주인 셈이구나. 어떤 기술인지 구체적으로 말해 줄래?

● 자주 비유되는 예인데, 미국 클린턴 전 대통령은 재임 당시 나노기술을 국가적 프로젝트로 삼겠다고 선언하면서, "미국 국회 도서관에 저장된 모든 정보를 각설탕 1개 크기에 기록하겠다" 고 분명히 말했어.

국회도서관에 있는 책이 약 800만 권 정도인데, 그 많은 정보가 각설탕 1개 크기에 모두 들어간다니, 정말 놀랍지 않아?

 세상에, 그럼 설탕 알갱이에 정보를 담을 수 있단 말이야?

● 아니 아니, 그게 아니고, 각설탕만한 '크기', 즉 1.5제곱센티미터 정도의 덩어리에 800만 권에 달하는 정보를 넣겠다는 뜻이야.

 그런 일이 가능하기는 한 거야?

● 놀라지 말고 들어 봐. 원리적으로는 물질의 기본 구성 단위인 원자 하나에도 정보를 담을 수 있어. 나노미터의 세계에서 조작, 제거 등의 작업이 이루어진다면 얼마든지 실현 가능해지는 일이야.

그런데 도대체 나노가 뭐야?

● 나노란 10억분의 1을 나타내는 말이야.
그러니까 1나노미터는 '10억분의 1미터'를 의미하지. 거의 분
자나 DNA 정도의 크기야.

자, 잠깐만. 10억분의 1미터라니, 상상이 안 되는데.

● 상상이 안 되는 게 당연해. 눈으로 볼 수 있는 크기가 아니니까.
만약 지구의 크기를 1미터라고 가정했을 때 1나노미터는 1원
짜리 동전 크기라고 할 수 있거든.

그렇구나! 나노미터의 세계는 우리가 생각하는 것보다 훨
씬 작은 거였어.

나노란 무엇인가?
나노는 10억분의 1, 나노미터는 10억분의 1미터를 의미한다.

왠지 막연해서 피부에 와 닿진 않지만 나노미터가 주목받는 이유가 뭐지?

● 그건 나노미터의 크기 때문이야. 예를 들어 여기 '탄소'라는 원자가 있다고 하자. 자세한 것은 나중에 다시 설명하겠지만, 탄소는 원자의 배열 방식에 따라 다이아몬드가 되기도 하고, 석탄이 되기도 해.
그런데 다람이 너도 잘 알고 있듯이 이 2개의 값은 하늘과 땅 차이지.

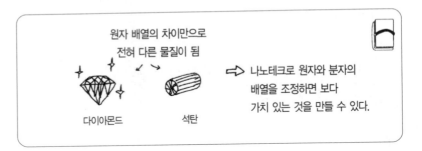

원자 배열의 차이만으로
전혀 다른 물질이 됨

다이아몬드   석탄

⇨ 나노테크로 원자와 분자의 배열을 조정하면 보다 가치 있는 것을 만들 수 있다.

하긴, 다이아몬드야 내 석 달치 월급을 줘야 하지만 석탄이야 연필심처럼 흔하니까.

● 하하하, 그렇지. 다이아몬드와 석탄은 똑같이 탄소로 이루어져 있지만 겉모습도 많이 다르고 그 성질 면에서도 전혀 다른 거

지. 단지 원자 배열이 다른 것뿐인데, 엄청난 차이지?

 원자 배열의 차이라…… 정말 신기한데?

● 그렇지? 또 탄소는 다이아몬드나 석탄뿐만 아니라 카본나노튜브 등과 같은 '새로운 기능을 가진 신소재'의 재료가 되기도 해. 이것 역시 원자나 분자의 배열을 조정한 거야. 이처럼 나노테크로 원자와 분자의 배열을 조정하면 새롭고 가치 있는 것을 더 많이 만들어 낼 수 있어.
나노미터의 크기가 원자 몇 개를 붙여 놓은 것과 같으니까 그런 일은 얼마든지 가능해.

 세계가 나노미터 연구에 열을 올리는 이유를 이제야 알 것 같군.

● 그렇지. 나노미터의 크기를 이용하면 여러 가지 물질을 만들거나 기능을 조작할 수 있으니까 관심을 갖는 게 당연한 거야.

 나노미터가 주목받는 이유는?
석탄과 다이아몬드처럼 나노 크기의 원자 배열을 변경시키는 것만으로 가치 있는 물건을 만들 수 있기 때문이다.

나노의 크기가 중요하다는 사실은 최근에 밝혀진 거야?

● 아니, 예전부터 잘 알려진 사실이야. 이미 1950년대에 미국의 물리학자 파인먼은 나노기술이 미래 산업의 주역이 되리라는 예측을 내놓았어.

말하자면 무수히 많은 양의 정보를 각설탕 1개 크기에 담을 수 있게 된다는 것을 최초로 공언한 사람이 파인먼 박사인 셈이지.

그런데 왜 이제야 나노기술에 대한 연구가 활발해진 거야?

● 기술적인 면에서 나노미터의 세계를 '볼 수 있고, 만들 수 있고, 필요한' 시기가 바로 지금이거든.

나노미터를 볼 수 있게 만드는 데 가장 큰 공헌을 한 것은 1980년대에 발명된 '주사터널링현미경'이야. 이 현미경 덕분에 원자를 눈으로 보면서 하나씩 움직이는 일이 가능해졌지.

그때부터 과학자들은 새로운 원자를 배열하는 방법을 발견할 수 있었어.

원자를 볼 수 있다니, 정말, 대단해!

● 다음으로, 나노구조를 만들 수 있게 된 것은 반도체와 전자 부

품을 만들기 위한 초정밀 가공기술의 발달이 있었기 때문이야. 특히 반도체는 우리나라가 세계 최고 수준이지.

이미 재료 가공기술은 나노미터에서도 응용 가능해져서 원자 1개까지 따로 떨어뜨려 놓을 수 있게 됐어. 이것을 '톱다운(top down) 미세 가공기술'이라고 불러.

마지막으로 '보텀업(bottom up)'이라는 것이 있는데, 재료를 적당한 조건에서 성장시켜 나노구조를 만드는 방법이야.

참고로, 우리나라는 톱다운보다는 보텀업에 중심을 두고 나노기술을 연구하고 있지.

톱다운과 보텀업이란?

도구를 만들기 위해 재료를 깎는 것을 톱다운, 반대로 나노테크로 원자를
정확하게 배열하여 구조를 만드는 것을 보텀업이라고 한다.
앞으로 보텀업이 나노테크의 핵심 기술이 될 것이다.

나노기술에 대한 연구는 이미 시작된 거야?

● 물론이야. 직접적으로 나노기술이라는 말이 사용되진 않았지만 산업 전반에 걸쳐 꽤 오랫동안 연구되어 왔어. 물론 필요에 의한 선택이었지.

우리나라 사람 대부분이 들고 있는 휴대전화만 봐도 그래. 크기는 작으면서도 다양한 기능을 갖고 있고, 그에 비해 가격은 그리 높지 않잖아.

사실 휴대전화에 들어간 부품 중에는 나노 수준으로 가공한 것이 적지 않아.
휴대폰 업계는 이미 나노기술로 경쟁할 만큼의 수준에 와 있는 거지.

 휴대전화 속에 나노기술이 숨어 있다니, 신기한걸.

● 지금까지 필요에 의해 나노기술을 다루어 왔다면 이제는 분야를 넘어 정보를 공유하면서 나노를 적극적으로 활용하는 데 주력하고 있어.

자, 그럼 나노기술로 어떤 일을 하려고 하는지 알아볼까?

나노테크의 미래

어려운 말 투성이군.

● 나노기술이 다양한 분야에 응용될 수 있다는 것을 알 수 있을 거야. 여기서는 IT(정보기술), 환경, 재료, 생명과학으로 분야를 나누었는데, 이것은 나노기술의 핵심이기도 해. 물론 다른 분야에도 얼마든지 응용 가능하겠지만 말야. 나노기술이 활용되고 있는 예는 이보다 10배는 많을 거야.

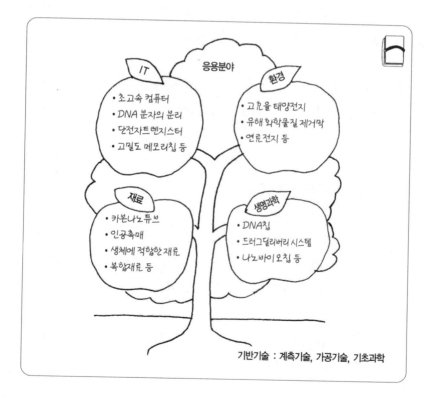

응용분야

IT
• 초고속 컴퓨터
• DNA 분자의 분리
• 단전자트렌지스터
• 고밀도 메모리칩 등

환경
• 고효율 태양전지
• 유해 화학물질 제거막
• 연료전지 등

재료
• 카본나노튜브
• 인공촉매
• 생체에 적합한 재료
• 복합재료 등

생명과학
• DNA칩
• 드러그딜리버리 시스템
• 나노바이오칩 등

기반기술 : 계측기술, 가공기술, 기초과학

나노테크로 할 수 있는 일

◎ 나노재료의 혁명, 카본나노튜브

● 다람아, 넌 '튜브'라는 말을 들으면 제일 먼저 뭐가 생각나?

 음, 튜브라면 역시 여름이 아닐까? 하하, 농담이고. 우선 자동차 타이어처럼 고무로 만든 관이 떠올라.

● 역시 그렇지? 그런데 말이야, 1991년에 일본 과학자가 만든 '세계에서 가장 작은 튜브'에 의해서 튜브가 갖고 있던 기존의 이미지가 파괴되었어.

 ? 얼마나 작길래?

● 굵기가 1에서 수십 나노미터에, 길이는 수 마이크로(1,000분의 1밀리미터) 정도야. 그래서 그 튜브 1,000가닥을 합쳐 봐야 겨우 머리카락 한 올 정도밖에 되지 않아.

 생각보다 엄청나게 작구나. 이 작은 튜브를 도대체 무엇으로 만들었을까?

248

● 카본 즉, 탄소로 만들었지. 앞에서 "탄소는 다이아몬드나 석탄 이외에도 다양한 형태로 배열을 바꾸어 새로운 기능을 가진 소재로 개발할 수 있다"라고 했잖아. 기억나? 그 대표적인 예가 바로 '카본나노튜브' 야.

다음 그림을 보면서 그 배열에 어떤 차이점이 있는지 살펴볼까?

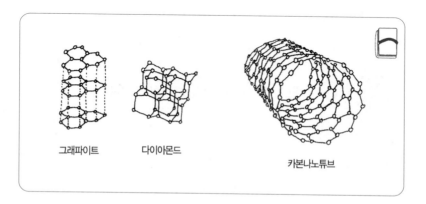

그래파이트 　　 다이아몬드 　　 카본나노튜브

● 세 가지 모두 탄소 원자로 이루어진 물질인데, 왼쪽은 그래파이트(graphite)로 불리는 탄소의 일종으로 연필심 등에 사용되는 흑연이야. 가운데는 다이아몬드, 오른쪽은 카본나노튜브야. 보이는 것처럼 원자의 배열이 전혀 다르지.

카본나노튜브는 정육각형의 망 조직이 원통형을 이루고 있고 그 속은 비어 있는 상태야.

아, 그래서 튜브라고 부르는 거구나. 그런데 어떤 새로운 기능을 갖고 있다는 건데?

● 첫째는 가벼우면서도 튼튼하다는 거야. 같은 무게를 가진 강철
과 비교하면 강도가 수백 배에 이를 정도지. 그래서 우주왕복
선, 항공기, 경주용 자동차의 재료로 쓰일 경우 강도나 기능 면
에서 훨씬 뛰어난 성능을 얻을 수 있어.

그리고 같은 탄소라도 샤프심은 쉽게 부러지는 데 반해 카본나
노튜브는 강한 힘을 유지한 채 구부리거나 비틀어도 좀처럼 끊
어지지 않는 유연성을 가지고 있어. 한마디로 고무 호스와 같
은 유연성을 가진 쇠파이프라고 할 수 있지.

튼튼하면서도 유연하다…… 거 참 재미있는데.

● 그렇지? 하지만 카본나노튜브의 특징은 이것뿐이 아니야.
외부로부터 전기 에너지를 받으면 전자를 효율적으로 방출하는
성질이 있어서 작은 전자총을 만들 수 있지. 효율성이 높아 적은
양의 전기로도 많은 전자를 방출하기 때문에 가능한 일이야.

전자총? 왠지 무서운 느낌이 드는데…….

● 일반적인 총의 이미지를 생각하면 곤란해. 전자총이라는 것은
전자를 방출하는 작은 바늘을 말하거든. TV 브라운관에도 전
자총이 사용되고 있어.

● 카본나노튜브로 전자총을 만든 덕분에 전력이 적게 들면서도
두께가 아주 얇은 벽걸이 TV를 만들 수 있었던 거야.

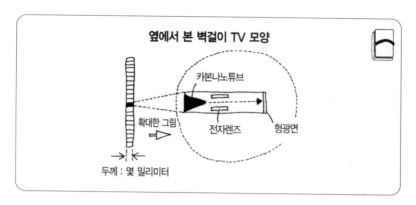

옆에서 본 벽걸이 TV 모양

카본나노튜브

확대한 그림

전자렌즈   형광면

두께 : 몇 밀리미터

 ? 두께가 아주 얇다는 것은 어느 정도를 말하는 거야?

● 겨우 몇 밀리미터 정도야. 앞으로는 플로피디스크 정도 두께의
대화면을 가진 벽걸이 TV가 등장할지도 몰라. 상상만으로도
신기하지 않아?

 우와! 정말 공상과학영화에나 나올 법한 얘기인걸. 요즘
전자제품 매장에 가면 액정 TV나 플라즈마 디스플레이가
신상품으로 진열되어 있던데, 이제 얼마 후면 두꺼운 브라
운관도 역사 속으로 사라지게 되겠구나.

● 그렇지. 브라운관의 원리는 남아 있겠지만 벽걸이 TV의 보급이
점차 늘어나면서 두꺼운 브라운관은 보기 어렵게 될 거야.
카본나노튜브의 특징은 여기서 끝나지 않아. 튜브의 지름이나
나선 구조가 달라지면 전기적인 성질도 반도체에서 금속까지
다양하게 변하게 되는데, 이 특성을 잘 활용하면 나노튜브만으

로 나노크기의 아주 가는 트랜지스터나 회로를 만드는 일도 가능해져.

전자부품이나 회로를 머리카락의 1,000분의 1 크기에 담아 낼 수 있다면 컴퓨터의 성능을 놀라울 정도로 발전시킬 수 있는 거지.

 오! 정말 대단해. 말하자면 '슈퍼 카본나노튜브' 로군.

● 자, 그럼 이쯤에서 카본나노튜브의 특징과 응용분야를 표로 정리해 보자고.

카본나노튜브

특　징	응용분야
가볍고 튼튼함 청동의 수백 배에 달하는 강도	수지나 금속의 강화제 우주왕복선, 항공기, 경주용 자동차의 소재
전자를 효율적으로 방출 전자총	벽걸이형 TV, 고용량 기억장치, 형광 표시관, 전등
(분자 구조에 따라) 반도체	나노트랜지스터 양자 컴퓨터의 기본 소자
(분자 구조에 따라) 금속	고집적회로의 배선 나노기기의 재료
수소를 흡수, 저장	연료전지 가스 저장

복잡하지? 모두 기억할 필요는 없지만, 카본나노튜브가 엄청나게 다양한 기능을 가진 신소재라는 사실만은 꼭 기억해 둬.

카본나노튜브란?
탄소 원자가 정육각형의 원통으로 이어진 형태를 가진 나노크기의 신소재. 지금까지의 상식과 전혀 다른 특징을 가지고 있어 최근 그 활용 분야에 대한 연구가 활발하다.

플라렌(C_{60})

● 탄소로는 나노튜브 외에도 '플라렌' 이라는 축구공 형태의 원자 배열을 가진 물질도 만들어 낼 수 있어. 이것 역시 새로운 기능 때문에 과학자들의 주목을 받고 있지.
신소재들이 가지는 기능은 대부분 나노크기 덕분에 얻어진 것이야. 어떤 물질이든지 나노크기 즉, 초미립자 정도로 크기가 줄어들면 그 상태의 변화 때문에 큰 덩어리를 이룰 때와는 전혀 다른 성질을 발휘하게 되지.

● 다시 말해 카본나노튜브나 플라렌뿐만 아니라 나노크기의 재료는 종래의 상식을 뛰어넘는 특성을 가질 가능성이 커. 이것은 나노기술의 가장 큰 매력이기도 해.

◎ 전기의 흐름을 바꾸는 트랜지스터

● 다음은 정보기술 분야로 넘어가 볼까? '작은 섬' 하나가 휴대
전화를 비약적으로 진화시킨다는 사실에 대해서 말이야.

 작은 섬? 어디, 남해안에 있는 섬?

● 하하하. 아니, 나노기술로 만든 섬 말이야.
최근 컴퓨터나 휴대전화 등 정보를 다루는 단말기들의 성능이
점점 좋아지고 있는 이유, 혹시 알고 있어?

 글쎄, 별로 생각해 본 적이 없는데.

● 모든 단말기 속에는 가로, 세로 1센티미터 정도 크기의 반도체
칩이 들어가 있는데, 그 칩에 들어가는 고밀도집적회로(高密度
集積回路, LSI)가 많은 기능을 갖고 있기 때문이야.

 잠깐만. 집적회로라는 말은 처음 들어 봐. 그게 뭐야?

● 집적회로란 아주 가는 트랜지스터 등의 전자부품을 반도체칩
위에 모아 놓은 전자회로의 집합체야.

 자꾸 모르는 단어들이 나오는군. 트랜지스터는 또 뭐야?

● 트랜지스터는 '전기를 흐르게 하거나 차단하는' 부품이야. 일
  반적인 스위치 역할과 같다고 할 수 있지.

● 그러면 여기서 트랜지스터의 작동 원리를 살펴보기로 하자.
  그림과 같이 트랜지스터에는 소스와 드레인, 게이트의 세 가지
  단자가 있는데, 그 각각의 역할은 다르지.

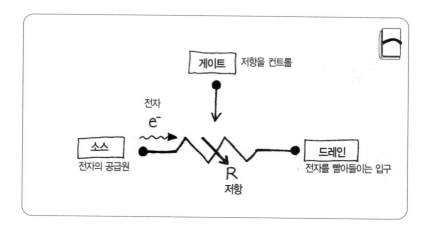

소스는 전자를 공급하는 역할을 담당하고 있어. 그리고 드레인은 소스에서 공급된 전자가 들어가는 입구의 역할을 해. 이때 게이트는 소스와 드레인의 중간에서 전자의 양을 자유롭게 조절하는 밸브 역할을 하는 거야. 그래서 트랜지스터는 전파를 흘려보내거나(저항 '0') 차단함으로써(저항 '무한대') 전체적으로 스위치 역할을 하게 되는 거지.

 그러니까 트랜지스터는 전기의 강을 지키는 수문과 마찬가지구나.

 고밀도직접회로(LSI)는 IT 기기의 심장

고성능의 정보 기기는 고밀도집적회로(LSI)로 인해 실현되었다. 그 중에서도 스위치 역할을 하는 트랜지스터는 복잡한 회로를 만드는 데 매우 중요한 부품이다.

◎ 단전자 트랜지스터

● 집적회로 안에는 트랜지스터가 많이 들어 있어.

트랜지스터가 프로그램에 맞추어 스위치를 여닫으면서 다음 회로로 보내는 전류를 조절하니까 복잡한 기능을 처리할 수 있는 거지.

지금은 1개의 집적회로에 약 4,000만 개의 트랜지스터를 넣을
수 있어.

와! 대단하다! 1센티미터짜리 돌 속에 4,000만 개나?

● 그래. 하지만 앞으로 더욱 다양한 기능을 갖춘 정보 단말기를 만
들기 위해서는 집적회로에 더 많은 트랜지스터를 넣어야 해.

트랜지스터의 수를 더 늘려야 한다고?

● 그래, 그래서 필요한 것이 바로 나노기술이야. 나노기술로 트
랜지스터의 크기를 줄여 그 수를 늘리는 게 가능해졌으니까.
하지만 트랜지스터를 작게 만드는 것만으로는 부족해.
왜냐하면 트랜지스터의 수를 지금보다 더 늘리면 소비전력이
늘어나서 효율이 떨어지게 되거든. 과열되면서 폭발하거나 고

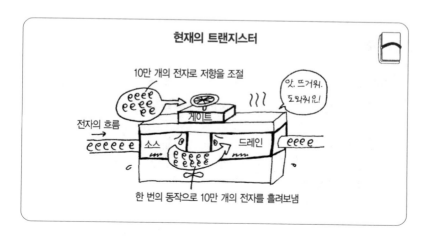

장을 일으킨다면 기능이 아무리 좋아도 무슨 소용이겠어? 사실 지금의 집적회로는 한 번의 동작으로 트랜지스터 1개당 약 10만 개의 전자를 흘려보내고 있어.

이것은 집적회로 칩 속에 수많은 전자가 신나게 달리고 있는 것과 같아. 결국 소비되는 전력이 늘어나면서 많은 열이 발생하는 거지.

 그렇구나. 그래서 휴대전화로 게임을 하면 전화기가 뜨거워지고, 전지가 금방 소비되는구나.

● 맞았어. 그렇기 때문에 트랜지스터의 수를 늘리면서 동시에 소비전력을 줄여야만 해.

일단 트랜지스터 동작에 필요한 전자의 수를 줄이는 것부터 시작해야지. 그럼 가장 이상적인 트랜지스터에 필요한 전자의 수가 몇 개일지 한번 맞혀 봐.

 어디 보자…….

● 나노기술을 사용하면 단 1개의 전자로 움직이는 트랜지스터도 가능해. 이것을 '단전자 트랜지스터'라고 하지.

 엉? 10만 개나 되는 전자가 나노기술을 사용하면 1개로 줄어든단 말이야?

● 그래. 그리고 이 기술의 열쇠가 되는 것이 바로 '나노 섬'이야.

단전자 트랜지스터란?

단 1개의 전자로 움직이는 트랜지스터를 말한다. 종래의 트랜지스터가 10만 개의 전자를 이용해 움직였던 데 비해 소비전력을 엄청나게 줄일 수 있다.

◎ '나노 섬'의 비밀

 나노 섬은 어떤 구조로 이루어져 있지?

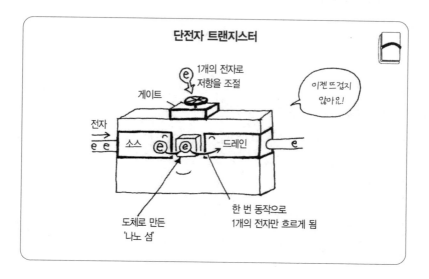

● 앞 쪽의 그림을 봐. 지금까지의 트랜지스터와 같은 소스와 드레인 사이에 도체로 만든 나노 섬을 끼워 넣는 거야.

● 단전자 트랜지스터의 원리는 간단해.
  '나노 섬'은 아주 작기 때문에 몇 개의 전자밖에 담을 수 없어. 섬 위에 달려 있는 게이트(전극)에 전자를 1개만 불러들일 정도의 전압을 걸어 보는 거야. 그러면 전자는 마이너스 전기를 갖고 있으니까 게이트의 플러스 극을 따라 섬 안으로 들어가기 쉬운 상태가 되지.
  플러스 전기와 마이너스 전기는 서로 끌어당기는 성질이 있으니 말야.

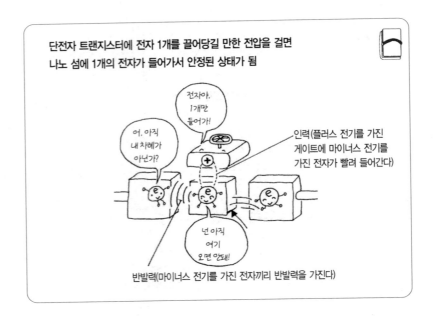

단전자 트랜지스터에 전자 1개를 끌어당길 만한 전압을 걸면
나노 섬에 1개의 전자가 들어가서 안정된 상태가 됨

● 이때 전자 1개가 섬에 들어가면 그것으로 게이트는 섬의 전기 균형이 맞기 때문에 안정된 상태를 유지하게 돼.

소스는 전자를 섬에 공급하려고 하지만 섬에 들어가 있는 전자의 반발력 때문에 더 이상 공급하지 못해. 마이너스 전기를 가진 전자끼리는 밀어내는 성질이 있으니까 말야. 즉, 1개의 전자 흐름만을 허용하게 되는 거지. 다음으로 게이트 전극에 걸린 전압을 배로 늘리면 섬에는 전자가 1개만 더해져 2가 되지.

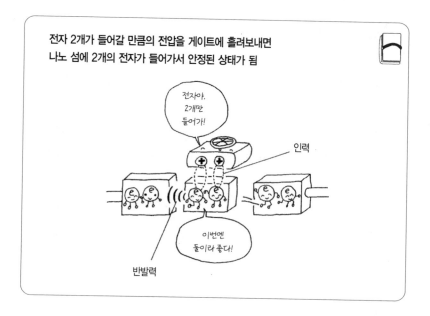

● 이렇게 해서 전자를 1개씩 흘려보낼 수 있는 트랜지스터가 만들어지게 되는 거야.

흐음, 그림으로는 쉬워 보이지만 그리 간단하게 만들 수 있을 것 같지는 않은데.

● 전자와 전자의 반발력을 일으키기 위해서는 '나노미터 크기의 섬'을 만들 필요가 있어. 전자와 전자 사이가 떨어져 있으면 힘이 약해지기 때문이야. 나노기술이 필요한 순간은 바로 이 때지.

 실제로 단전자 트랜지스터를 만들 수 있다면 그 크기도 작아질 테니 일석이조겠네.

● 그렇지. 만일 단전자 트랜지스터의 실용화에 성공한다면 사용하는 전자의 수를 단번에 10만분의 1로 줄이는 셈이니까 소비되는 전력도 큰 폭으로 줄어들게 돼. 여기에 트랜지스터를 고밀도로 모을 수 있다면 앞으로 여러 분야에 혁명적인 일이 될 거야.
실제로 단전자 트랜지스터는 이미 시험에 성공했는데, 이때 약 10나노미터 크기의 단전자 트랜지스터가 작동하는 것으로 확인됐어.

◎ 약을 상처까지 직접 전달한다 - 드러그 딜리버리 시스템(DDS)

● 의료 분야에도 나노기술이 쓰이고 있다는 사실, 알고 있어?

1980년대에 인기를 끌었던 〈이너 스페이스(Inner Space)〉라는 영화에서처럼 의학은 현실 속에서도 한 단계 더 높이 진화하고 있어. 다람아, 너는 이 영화 본 적 없어?

 못 본 것 같은데…… 옛날 영화잖아.

● 유감인데……. 마이크로 사이즈로 작아진 주인공이 주사를 통해 환자의 몸속으로 들어가 혈관을 따라 움직이면서 환자를 치료한다는 내용인데, 정말 재미있어.

 흥, 영화다운 황당한 줄거리군. 설마 그런 일이 현실에서 가능하다는 것은 아니겠지?

● 아직은 아니야. 하지만 우리 몸속에서 염증이 생긴 부위를 마이크로 기술을 이용해 찾아내고 마이크로 크기의 손으로 수술할 수 있다는 것만은 확실해. 사람이 조작할 수 있는 나노로봇이나 분자 톱니바퀴를 환자의 몸속에 넣어서 치료하는 연구는 지금도 활발하게 진행 중이야.

문제는 나노로봇이 실제로 유용하게 쓰이려면 앞으로 더 시간이 걸린다는 거야. 현재 나노로봇과 가장 비슷한 기술로 '드러그 딜리버리 시스템(DDS)'이란 게 있어.

 드러그 딜리버리 시스템?

● 응. 병이 난 부위에만 약을 보내서 치료하는 거지.

 약을 처방하는 건 똑같은데, 지금과 어떻게 달라지는 거야?

● 지금까지는 약을 먹으면 그 성분이 거의 온몸에 영향을 미쳤어. 아프지 않은 곳까지 약이 퍼져서 부작용을 일으키기도 했고. 특히 '항암제'는 암세포가 무질서하게 늘어나는 것을 막기 위해 주로 세포가 활발하게 움직이는 곳에서 작용해. 세포 활동이 특히 활발한 머리카락의 뿌리, 모근에 항암제가 영향을 미쳐서 머리카락이 빠지는 부작용이 나타나는 거야.

● 현재의 암 치료는 대부분 암세포의 성장과 항암제의 처방에 따른 부작용과의 싸움이라고 해도 과언이 아니야.

 말로만 듣던 부작용이 그런 이유에서 생기는 거였군. 질병이 생긴 곳에만 약을 보낸다면 그런 부작용은 막을 수 있는 거겠네?

● 그렇지. 드러그 딜리버리 시스템을 사용하여 환부에만 치료약을 보낼 수 있게 되면 부작용을 줄이고 확실한 치료 효과도 볼 수 있을 거야.

 나노기술은 언제 등장하는 거지?

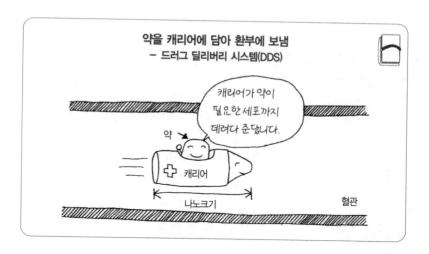

● 드러그 딜리버리 시스템의 구조는 대충 위의 그림처럼 돼 있어. 지금까지는 약을 직접 먹었지만 드러그 딜리버리 시스템에서는 약을 '캐리어' 또는 '마이크로캡슐'이라 불리는 운반선에 넣은 후 주사기를 이용해 혈관으로 주입시켜. 캐리어는 피의 흐름을 따라 가다가 환부에 다다르면 싣고 있던 약을 쏟아 내는 거지. 이때 캐리어는 나노크기여야 돼.

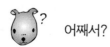 어째서?

● 캐리어가 너무 작으면 신장을 지나 소변과 함께 몸 밖으로 배출되고, 반대로 너무 크면 몸이 이물질로 판단해서 큰 부작용이 생길 수 있거든.
결국 그 중간 사이즈인 4～400나노미터가 우리 몸속에서 가장 움직이기 좋은 크기라는 사실이 밝혀졌어.

말만 들어도 흐뭇해진다. 하지만 그 작은 캐리어가 질병
부위를 찾아낼 수 있어?

● 그럼, 항암제를 운반하는 캐리어에 대해 설명해 줄게. 아주 간
단한 원리니까 쉽게 이해할 수 있을 거야.

보통 혈관에는 세포가 영양분을 흡수하도록 작은 구멍이 나 있
는데, 정상적인 세포의 혈관 구멍은 아주 작아서 나노입자는
들어가지 못해.

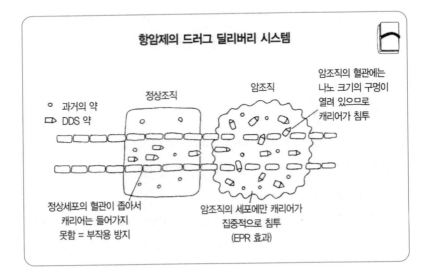

항암제의 드러그 딜리버리 시스템

하지만 암세포 덩어리가 자리잡고 있는 혈관은 그 구멍이 3~10배 정도 커지기 때문에 정상세포 속으로 들어가지 못한 캐리어가 일제히 암세포 속으로 들어가게 되는 거야.

더구나 암세포는 불필요한 물질을 밖으로 내보내는 능력이 신통치 않아서 한번 세포 속으로 받아들인 것은 좀처럼 뱉어 낼 수 없거든.

캐리어가 암세포에 쌓이면서 약이 효과를 발휘하는데, 이것을 'EPR 효과' 라고 불러.

 이야, 정말 통쾌하다. 어서 빨리 실현될 수 있으면 좋겠다.

● 안전하게 약을 운반할 수 있는 나노 크기의 캐리어를 만드는 일이 문제인데, 이미 몇 가지 방법이 실험을 거쳐 제안된 상태야. 여기에 분자량이 수만 개나 되는 고분자나, 나노튜브를 응용해서 약을 개발한 벤처기업도 등장했지. 개발이 순조롭게 이루어진다면 앞으로 5~10년 안에는 부작용 없는 항암제를 쓸 수 있을 거야.

나노기술 선진국을 향하여

◎ 우리나라의 나노기술

● 앞에서 대표적인 예를 세 가지 정도 들었지만 앞으로 나노기술
은 우리 생활에 혁명적인 변화를 가져올 거야. '신(新) 산업혁
명'이라 불리는 것도 이 때문이야.

나노기술의 중요성을 가장 먼저 안 미국에서는 클린턴 전 대통
령의 주도로 지난 2000년에 '나노기술 국가전략(NNI : National
Nanotechnology Intiative)'을 발표했어.

이것을 계기로 세계 각국의 나노기술 연구가 활발해졌지. 경제
뿐만 아니라 정치적으로도 엄청나게 성공적인 효과를 가져올 수
있으니까 이런 관심과 노력은 어쩌면 당연한 결과인지도 몰라.

 우리나라의 나노기술에 대한 연구는 어느 단계까지 와 있
어?

● 우리나라는 과학기술부와 산업자원부 공동으로 지난 2001년 7
월에 '나노기술 종합발전계획'을 수립했어.

나노기술 종합발전계획이란 게 뭐야?

● 간단히 말해서 나노기술을 국가전략기술로 선정하여 21세기 신 산업혁명을 주도하겠다는 거지. 하지만 미국처럼 '국회도서관의 모든 정보를 각설탕 1개 크기의 공간에 담겠다'는 식의 뚜렷한 목표를 가지고 있는 것은 아니야. 집중적으로 연구해야 할 분야를 정해서 연구비를 책정하고 연구인력을 양성하는 등의 계획을 세운 것뿐이지.

 미국은 '달에 가겠다'고 공언한 지 9년 만에 그 꿈을 이뤘으니까 나노기술의 목표도 충분히 달성할 수 있겠지. 그런데, 우리나라의 나노기술 연구는 주로 어떤 분야를 중심으로 이루어지고 있어?

● 주요 연구분야는 연구개발, 인력양성, 시설구축이야. 특히 과학기술부에서는 나노와 바이오 분야를 각각 나누어 사업을 추진 중인데, 나노분야 사업과 성과를 소개하자면 다음 다섯 가지 정도로 나눌 수 있어.
첫째는 지능형 마이크로시스템 개발이야. 우리나라는 초소형 진단·치료용 자율내시경 및 고용량 마이크로 PDA, 그리고 캡슐형 내시경을 세계 최초로 개발해서 5천억 원의 세계 시장을 먼저 차지했어.
둘째는 차세대 소재 성형기술 개발이야. 고가 소재의 성형공정을 단순화하고 에너지가 적게 드는 새로운 공정을 개발했지.

셋째는 테라급 나노소자를 개발했어. 초고속 · 초고집적 · 초저소비전력 나노소자 개발로 향후 5~10년 내에 겪을 반도체소자들의 기술적인 문제와 제조상의 한계를 극복했어.

넷째로 나노메카트로닉스를 개발한 거야. 우리나라는 나노 단위 부품 설계와 제어 · 측정장비 분야에서 이미 100억달러 이상의 시장을 선점했어.

마지막으로 나노소재 개발이야. 나노기공 다공체 복합소재, 광학소재 등 핵심 나노소재 기술을 개발했어. 나노소재와 부품 50개 이상을 현장에서 사용할 수 있게 했지. 우리나라 나노소재 기술 수준은 세계 5위권 안에 들 정도야.

와, 엄청나게 복잡하군. 하지만 꽤 성공적인 분야도 있네.

● 산업자원부에서 나노기술을 연구하고 개발하는 데 지원하기 시작한 것은 1999년부터야.

2001년 7월부터는 나노기술의 산업화를 지원하기 위해 '나노산업화지원센터' 를 설립하여 운영 중이지.

'나노산업화지원센터' 가 설립되어 있는 곳은 포항 공과대학과 전자부품연구원, 그리고 한국과학기술원이야.

이야기를 듣다 보니, 나노기술이라는 게 국가경쟁력을 높일 수 있는 중요한 분야인 게 분명하군.
다른 나라에 비해 뒤처지지 않은 것 같아 기분도 좋아.

● 나노기술의 활용으로 단기간에 큰 이익을 얻기는 어려워. 하지
  만 이런 신기술에 대한 연구와 개발에서 앞서기 위한 '보이지 않
  는 전쟁'은 지금 이 순간에도 계속되고 있지.
  우리나라가 이 경쟁에서 최고가 된다면 그보다 좋은 일은 없을
  거야.

6장

지구를 지킨다

과학기술의 미래

◎ 과학기술의 진보가 가져다 준 것

 지금까지 환경문제와 유전자, 우주, 나노기술에 관해 얘기 잘 들었어. 그런데 아람아, 앞으로 우리는 어떻게 발전하게 될까?

● 그건 우리가 어떤 미래를 그리고 있느냐에 따라 달라지겠지. 보통 과학이나 기술의 진보가 무조건 편리하고 좋은 것인 줄로만 알고 있는데 이번 기회에 그로 인한 피해까지 생각할 수 있었으면 해.

 맞아. 환경오염과 파괴, 복제인간 문제는 순전히 과학기술의 진보 때문에 생긴 것이니까.

● 그렇지. 18세기 산업혁명 이후 우리는 과학기술이 모든 꿈을 이루어 줄 것이라 생각했어. 하지만 과학기술이 사회에 미치는 영향이 날로 커지면서 온난화 현상이나 복제인간과 같은 문제도 생겨난 거야.

정말 과학은 엄청난 속도로 발전하는 것 같아.

● 복제인간의 예만 보아도 대부분의 사람들이 '더 이상 연구하지 않아도 되는 기술이 아닐까' 하고 생각하는 추세야.

이제 과학기술은 사회가 원하는 이상의 결과를 실현시킬 만큼 발전했어.

프레온가스나 다이옥신 문제에서도 보았듯이 무책임하게 '이런 결과가 생길 줄 몰랐다'는 식으로 얼버무리면 안 돼.

앞으로는 과학기술 자체만이 아니라 사회에 어떤 영향을 미칠지 그 결과까지를 예측한 다음 연구 계획을 세워야 할 거야. 이것을 전문 용어로 '사회대응형 과학'이라고 불러.

 '지적 욕구'나 '물질적 풍요로움'만을 추구하기 위해 과학기술을 발전시키는 게 아니라, 보다 멀리 내다보고 그로 인해 생길 문제점까지 생각해야 한다는 얘기군.

● 맞아. 지금이야말로 과학기술이 어떤 방향으로 나아가야 할지 우리 모두가 한마음으로 생각할 필요가 있어.

우선은 과학기술이 정말로 멋지기만 한 것인지 다시 한 번 생각해 보는 거야.

 어떻게?

● 현대의 최첨단 과학기술이라면 무엇이든지 '경이적인 것'으로 바라보지만, 그것이 미래에도 같은 평가를 받을지는 모르는 일이잖아.

말하자면 연구 단계에서부터 오랜 시간이 지난 후에 발생할 문제까지 고려하는 거지.

 지금의 과학기술이 미래의 인류에게는 어떻게 보여질까?

◎ 수백 년 후 인류의 모습

● 그런 문제라면 인류의 역사를 되돌아보는 게 도움이 될지도 몰라.

우주가 탄생한 것은 지금으로부터 약 150억 년 전, 지구가 탄생한 것은 46억 년 전이야. 인류의 역사는 그보다 훨씬 짧은 20만 년 전이지.

그리고 지능을 가진 생명체로서 인류가 진화해서 도구와 그림, 문자 등 문명의 자취를 남긴 것은 1만 년 전에 불과해.

쉬운 예로 지구가 탄생한 날을 1월 1일 0시로 가정하면 인류가 나타난 것은 12월 31일 밤 11시 30분쯤이야. 그리고 인류가 문명의 자취를 남긴 것은 밤 11시 59분이 조금 지날 때쯤이지.

 세상에, 인류 역사는 지구 역사와 비교하면 엄청나게 짧구나.

● 그래. 게다가 청동기, 철기시대를 거쳐 혁명적으로 기술이 발달하게 된 18세기 산업혁명은 12월 31일 밤 11시 59분 59초쯤 될걸?

 지구의 역사와 비교해 보면 인간이 과학기술을 발달시킨 것은 정말 한순간이네.

● '한순간'이라고 할 만한 20세기 동안 인간이 얻어낸 성과는 다음 네 가지로 정리할 수 있어.

첫 번째, 과학기술과 경제가 동시에 발달했다는 점.

두 번째, 냉전체제에서 미국과 구 소련이 우주개발 경쟁을 시작하여 지구 대기권 밖으로 진출하는 데 성공한 것.

세 번째, 자연과학 분야에서는 '생명의 기원', '지구의 기원', '우주의 기원'에 대해 과학적인 설명이 가능해졌다는 것.

네 번째, 의학이 발달해서 불치병도 차례로 극복해 나갔다는 점.

인류의 역사가 시작된 이래 20세기는 '과학의 시대'라 부를 만해.

 하지만 20세기는 골칫거리를 만든 시대이기도 하잖아.

● 동감이야. 특히 발전에만 매달려서 엄청나게 자연을 훼손시킨 점은 다음 세대에게 정말 미안하게 생각해야 할 부분이야. 대표적인 예를 들어 볼게.

공장과 자동차에서 배출되는 매연이 공기를 오염시키고, 오염된 공기로 인해 산성비가 내려. 그러면 땅이 산성화돼서 황폐해지지. 또 정화되지 않은 폐수가 강이나 호수, 바다로 흘러가서 오염되면 결국 먹이사슬 꼭대기에 있는 인간에게 모든 피해가 돌아오는 거야.

지금 도시가 안고 있는 오염문제는 인간의 건강에 피해를 줄 만큼 심각해. 정화 노력을 시작한 것은 불과 4~50년 전이니까.

 그러고 보니 바다표범이 하천으로 떠내려와서 화제가 된 적이 있었잖아. 만일 강물이 조금만 더 깨끗했다면 사람들이 그토록 걱정하지 않아도 되었을 텐데.

● 바닷속 생태계에서 먹이사슬 맨 위에 있는 바다표범은 생물농축의 위험성이 매우 높아.(생물농축에 대해서는 2장 참고.)
최근에는 바다표범 외에도 돌고래나 범고래와 같은 바다 포유류가 바다의 오염 때문에 대량으로 죽는 사건이 자주 일어나고 있어.

 더러운 강물이 당연하게 여겨지고 있다니, 지구 역사를 생각할 때 정말 슬픈 일이야.

● 공업용수 때문에 지하수가 고갈되고, 호수는 점점 수위가 낮아지고 있어. 과학자들은 마실 수 있는 물이 이런 상태로 줄어든다면 머지않아 사람들은 심각한 물 부족에 시달릴 거라고 예측하고 있어.
20세기에 급격하게 파괴된 열대우림도 인간의 이기심 때문에

야기된 문제 중 하나지. 생태계를 위기에 빠뜨렸으니까.

   생태계라고?

● 한마디로 말해 '자연의 세계'라고 할 수 있지. 지구가 탄생한
이후 오늘날까지 물과 흙, 공기, 태양처럼 지구환경에서 오랜
시간 동안 영향을 끼친 환경과 생물의 집합체라고나 할까?
생태계에서는 다양한 동물과 식물이 먹고 먹히는 관계가 복잡
하게 얽혀 있어.
언뜻 잔인하고 복잡해 보이지만 각각의 동물과 식물이 제 역할
을 하면서 생태계의 균형을 이루고 있지. 이것을 영어로는 에
코 시스템(eco system)이라고 해.
이대로 과학기술이 발달한다면 유전자 변형 기술로 만들어진
생물이 생태계의 질서를 어지럽힐 수도 있어. Bt 옥수수가 야
생 나비를 죽이는 일이 실제로 일어났잖아.

   뭐니 뭐니 해도 지구 온난화를 빼놓을 수 없지!

● 모두 인간의 경제적 욕망에 대한 추구 때문에 생태계가 파괴된
경우야.

앞에서도 얘기했지만 발명 당시에는 꿈의 물질이라고 생각했던 프레온이나 발생하고 있는지조차 알지 못했던 다이옥신의 존재…… 어쩌다가 이렇게 된 걸까?

● '과학발달의 방향'에 문제가 있었던 것 같아.

예를 들면 끝이 없겠지만 해충을 없애기 위해 사용하는 살충제도 대표적인 사례 중 하나야. 살충제는 일시적으로는 효과를 발휘할지 몰라도 그 후 약 성분에 저항성이 있는 개체가 생겨나 번식하는 끔찍한 결과를 낳게 돼.

이러한 저항성을 '내성'이라고도 하는데 생물이 유해한 물질로부터 자신을 보호하려는 성질을 말하지.

그러니까 저항성을 가진 곤충에게는 일반적으로 쓰는 농약만으로는 아무 소용이 없다는 뜻이구나.

● 맞았어. 본래 생태계는 모든 개체가 저마다 천적을 가지고 있어서 한 가지 개체만 지나치게 늘어나지 않게 돼 있어. 그런데 대량생산을 위해 살충제를 지나치게 사용하다 보니 생태계의 균형이 무너지고 말았어. 그 결과, 저항성을 가진 개체가 나타났고, 그것을 없애려니까 농약은 점점 더 독해졌지.

악순환이네.

● 이와 비슷한 예를 또 하나 들어 볼까.

20세기에 감염증에 잘 듣는 '항생제'라는 약이 개발되었어. 이 약은 효과가 매우 뛰어나기 때문에 초기에는 거의 모든 질병의 치료와 예방에 썼지. 항생제 덕분에 일본은 최장수 국가가 되었다고 말하는 과학자가 있을 정도야. 그만큼 일본은 항생제를 많이 사용했어.

그런데 최근 들어 항생제에 대한 내성을 가진 '내성균'이 나타나기 시작했어.

감염에 의한 거의 모든 질병의 '마지막 병기'였던 항생제에 전혀 반응을 보이지 않는 이 신종균은, 특히 면역력이 약한 환자들에게 침투해서 생명을 앗아 가고 있어.

얼마 전 온 나라를 발칵 뒤집어 놓았던 O-157균도 항생제에 내성을 가진 식중독균이야.

 어쩐지 으스스한 느낌이 든다. 곤충도, 균도 눈 깜짝할 사이에 진화하고 있으니, 앞으로 어떻게 살지 막막해.

● 글쎄. 몰랐을 때는 어쩔 수 없다 해도 조금 이상한 낌새가 보였을 때 재빨리 대책을 세웠더라면 막을 수 있지 않았을까 하는 생각이 들어.

과학기술은 현재 우리에게 많은 이익을 주지만 미래를 살아갈 사람에게는 손해를 끼칠지도 몰라. 앞으로 '지속가능'한 과학기술 연구에 박차를 가해야 하는 이유가 바로 여기에 있지.

'지속가능' 이란 무슨 뜻이야?

● 앞에서도 설명했던 것처럼 미래를 열어 갈 세대에게 빚을 남기지 않으면서 동시에 현재 우리의 욕구도 만족시키는 기술, 이것이 지속가능한 과학기술이라는 거야.

 만약에 말이야, 20세기의 진화를 수백 년 후 인류가 본다면 과연 어떤 반응을 보일까?

● 생태계를 제멋대로 망가뜨리고, 자신들이 발명한 물질에 피해를 입는, 어리석은 시대였다고 하겠지. 어쩌면 20세기의 과학기술을 '호기심 많은 어린아이에게 칼을 쥐어 준 것'과 같은 꼴이라고 말할지도 몰라.

 21세기가 시작되었는데 우리는 과연 20세기의 과오를 고치고 새출발할 수 있을까?

● 음……, 그래도 환경문제를 계기로 변화의 징조를 보이기도 해.

◎ 지속가능한 개발에 관한 세계수뇌회의

● 2002년 8월, 남아프리카 요하네스버그에서 개최된 '지속가능한 개발에 관한 세계수뇌회의(환경개발서미트)' 는 21세기 인류의 삶을 생각하는 회의였어.

이 회의에서 참석자들은 지구 자원을 보호하고, 인류가 미래에 번영과 건강을 누릴 수 있는 방법에 대해 생각했지. 중요한 점은 지속가능한 개발, 글로벌 쉐어링(global sharing)이야.

'지속가능한 개발' 을 통해 환경과 개발이 공존할 수 있는 방향으로 나아가고, 환경보존을 고려한 절도 있는 개발을 하겠다는 것이 골자야.

우리 동물들을 위해서 하루빨리 실현되었으면 좋겠다. 그런데, 글로벌 쉐어링은 뭐지?

● 지속가능한 개발을 위해 '지구 단위로 환경개발 전략과 책임, 경험과 정보 등을 공유' 하는 거야. 조금 어렵지? 쉬운 예를 들어 설명해 줄게.

미국과 유럽연합 등의 선진국은 지금까지 산업발전으로 심각한 환경오염을 초래한 뼈아픈 경험을 갖고 있잖아. 이것을 교훈삼아 개발도상국이 앞으로 같은 잘못을 하지 않도록 도움을 주는 거야.

주로 어떤 일을 했어?

● 단순히 환경보존기금을 지원하는 데 그치지 않고, 개발도상국이 환경을 지키면서 개발을 이룰 수 있도록 선진국의 노하우를 가르쳐 주고 있어.
그래서 그들이 스스로 환경을 지킬 수 있도록 기본 토대를 마련해 주는 거야.

◎ 과학기술의 목표

 그럼 지속가능한 개발을 실현시키기 위해서 선진국이 할 일에는 뭐가 있을까?

● 무엇보다도 1장에 등장했던 '교토 의정서'처럼 지속가능한 개발을 위한 구체적인 움직임을 보여 주어야 해. 지구 온난화나 산성비의 피해를 줄이기 위해 화석연료를 사용하지 않고 태양열발전이나 풍력발전, 바이오매스발전 등의 '청정에너지(무공해에너지)'의 비중을 높일 필요가 있지.
이처럼 21세기의 과학기술은 청정에너지의 연구와 개발에 더 힘을 쏟아야만 해.

 우리나라처럼 에너지(화석연료)의 대부분을 수입하는 나라에서는 청정에너지 개발로 환경과 에너지 문제를 동시에 해결할 수 있겠구나.

● 응. 하지만 유감스럽게도, 우리나라는 유럽연합 같은 선진국에 비해서 청정에너지 개발 수준이 낮은 편이야.

◎ 풍력발전

● 우선 풍력발전은 덴마크나 독일에서 만든 발전설비가 세계의 70퍼센트를 차지하고 있어.

1999년, 해외 주요 국가들의 풍력발전 도입량 순위를 살펴보면 독일(440만 킬로와트), 미국(240만 킬로와트), 스페인(180만 킬로와트), 덴마크(170만 킬로와트) 순이야. 이러한 세계의 풍력발전 용량은 모두 1,400만 킬로와트 정도가 돼. 지난 2000년에는 이 수치가 1,700만 킬로와트를 넘어섰지.

 왜 우리나라는 풍력발전을 적극적으로 도입하지 못하는 건데?

● 풍력발전은 바람의 세기가 결정적인 역할을 해. 따라서 입지조건이 맞지 않으면 도입 자체가 불가능하지.

덴마크의 경우, 2001년에 총발전량의 15퍼센트를 풍력발전으로 충당했어. 2030년까지는 풍력발전 비율을 전체 에너지의 3분의 1로 늘려 나갈 계획이라고 하더군.

◎ 태양열발전

 또 다른 청정에너지로는 어떤 게 있지?

● 태양빛을 에너지로 직접 활용하는 태양열발전이 있지. 이 분야
에서는 일본이 최고 수준에 있는데, 지난 1998년 발전 용량이
13만 킬로와트나 됐어. 그 뒤를 미국이 10만 킬로와트, 독일이
5만 킬로와트로 바짝 추격 중이야.
그런데, 발전 용량을 보니 풍력발전보다 설치된 수치가 작은
것 같지 않아?

 어라? 정말이네. 왜 그런 거야?

● 설비를 갖추는 데 비용이 많이 들기 때문이야. 발전 설비비를
전기료에 포함시킨다면 지금보다 2~3배는 비싸질걸?
모든 가정에 태양열발전을 보급하려면 무엇보다 혁신적인 소
재개발로 설비비를 줄일 필요가 있어.

◎ 진정한 호모사피엔스를 위하여

 청정에너지를 실용화하기까지는 아직 풀어야 할 숙제가
많구나.

● 그런 셈이야. 지금까지 '발전소 건설'만 에너지개발로 여겼다면 이제 그런 고정관념을 깨야 해.

최근 각광받는 바이오매스에너지를 봐. 버렸던 쓰레기를 발효시켜 열과 에너지를 얻잖아.

이거야말로 지역과 기업 차원에서 활성화시켜야 할 사업이라고 생각해.

 에너지를 자급자족하게 된다니, 생각만 해도 기쁜 일이야.

● 나도 그래. 인간의 지혜와 지식을 총동원해서 다양한 청정에너지를 만든다면 얼마나 좋겠어? 이미 많이 나빠진 환경을 되살리는 데 인간의 과학기술이 공헌하게 된다면 그보다 멋진 일은 없을 거야.

20세기 과학의 잘못은 환경을 오염시키고 더불어 지속불가능한 개발을 한 거야. 이런 악순환이 절대로 되풀이되어선 안 되겠지.

 아차, 과학을 남용해서 생긴 부작용들을 잊고 있었어.

● 과학기술을 개발하다가 지속불가능하다는 사실을 알게 되었을 때는 그 즉시 궤도를 수정할 수 있는 용기와 결단이 필요해.

 과학기술이 발전할수록 생태계에 미치는 나쁜 영향도 점점 더 커지겠네?

● 잘못된 개발이 계속되지 않는다면 과학기술은 앞으로 희망의
  열쇠도 될 수 있어. 로봇이나 뇌과학 등, 앞으로 현대 과학기술
  이 풀어야 할 과제는 얼마든지 있어.
  풍요로움을 향한 욕망과 지구 보존의 꿈을 모두 이룰 수 있는
  가 없는가의 여부는 인간이 진정한 의미의 '호모사피엔스(현명
  한 인간)'로서 생각하고 판단하느냐에 달려 있어. 이것을 결정
  짓는 것이 바로 21세기 과학기술인지도 모르지.

인류가 희망적인 미래를 맞이하도록 동물과 인간 모두가
한마음으로 기원하자고!

● 그래, 나 역시 기원할게!